中国中药资源大典
——中药材系列
中药材生产加工适宜技术丛书
中药材产业扶贫计划

当归生产加工适宜技术

总主编　黄璐琦
主　　编　晋　玲
副主编　杜　弢　郭增祥　刘效瑞

中国医药科技出版社

内容提要

《中药材生产加工适宜技术丛书》以全国第四次中药资源普查工作为抓手，系统整理了我国中药材栽培加工的传统及特色技术，旨在科学指导、普及中药材种植及产地加工，规范中药材种植产业。本书是一本关于当归种植及产地初加工的技术手册，包括：概述、当归药用资源、当归栽培技术、当归药材质量、当归现代研究与应用等内容。本书内容丰富资料详实，对当归的种植及产地初加工具有较高的参考价值。适合中药种植户及中药材生产加工企业参考使用。

图书在版编目（CIP）数据

当归生产加工适宜技术 / 晋玲主编 . — 北京：中国医药科技出版社，2018.3

（中国中药资源大典 . 中药材系列 . 中药材生产加工适宜技术丛书）

ISBN 978-7-5067-9894-5

Ⅰ . ①当… Ⅱ . ①晋… Ⅲ . ①当归—栽培技术 ②当归—中草药加工 Ⅳ . ① S567.23

中国版本图书馆 CIP 数据核字（2018）第 013192 号

美术编辑 陈君杞
版式设计 锋尚设计

出版 中国医药科技出版社
地址 北京市海淀区文慧园北路甲 22 号
邮编 100082
电话 发行：010-62227427 邮购：010-62236938
网址 www.cmstp.com
规格 710 × 1000mm 1/16
印张 8 1/4
字数 72 千字
版次 2018 年 3 月第 1 版
印次 2018 年 3 月第 1 次印刷
印刷 北京盛通印刷股份有限公司
经销 全国各地新华书店
书号 ISBN 978-7-5067-9894-5
定价 24.00 元

中药材生产加工适宜技术丛书

—— 编委会 ——

—— 本书编委会 ——

主　编　晋　玲

副主编　杜　弢　郭增祥　刘效瑞

编写人员（按姓氏笔画排序）

马晓辉（甘肃中医药大学）
王富胜（定西市农业科学研究院）
卢有媛（南京中医药大学）
朱田田（甘肃中医药大学）
刘效瑞（定西市农业科学研究院）
杜　弢（甘肃中医药大学）
何微微（甘肃中医药大学）
晋　玲（甘肃中医药大学）
郭增祥（岷县当归研究院）
黄得栋（甘肃中医药大学）

序

我国是最早开始药用植物人工栽培的国家，中药材使用栽培历史悠久。目前，中药材生产技术较为成熟的品种有200余种。我国劳动人民在长期实践中积累了丰富的中药种植管理经验，形成了一系列实用、有特色的栽培加工方法。这些源于民间、简单实用的中药材生产加工适宜技术，被药农广泛接受。这些技术多为实践中的有效经验，经过长期实践，兼具经济性和可操作性，也带有鲜明的地方特色，是中药资源发展的宝贵财富和有力支撑。

基层中药材生产加工适宜技术也存在技术水平、操作规范、生产效果参差不齐问题，研究基础也较薄弱；受限于信息渠道相对闭塞，技术交流和推广不广泛，效率和效益也不很高。这些问题导致许多中药材生产加工技术只在较小范围内使用，不利于价值发挥，也不利于技术提升。因此，中药材生产加工适宜技术的收集、汇总工作显得更加重要，并且需要搭建沟通、传播平台，引入科研力量，结合现代科学技术手段，开展适宜技术研究论证与开发升级，在此基础上进行推广，使其优势技术得到充分的发挥与应用。

《中药材生产加工适宜技术》系列丛书正是在这样的背景下组织编撰的。该书以我院中药资源中心专家为主体，他们以中药资源动态监测信息和技术服务体系的工作为基础，编写整理了百余种常用大宗中药材的生产加工适宜技术。全书从中药材的种植、采收、加工等方面进行介绍，指导中药材生产，旨在促进中药资源的可持续发展，提高中药资源利用效率，保护生物多样性和生态环境，推进生态文明建设。

丛书的出版有利于促进中药种植技术的提升，对改善中药材的生产方式，促进中药资源产业发展，促进中药材规范化种植，提升中药材质量具有指导意义。本书适合中药栽培专业学生及基层药农阅读，也希望编写组广泛听取吸纳药农宝贵经验，不断丰富技术内容。

书将付梓，先睹为悦，谨以上言，以斯充序。

中国中医科学院 院长

中 国 工 程 院 院士 张伯礼

丁酉秋于东直门

总前言

中药材是中医药事业传承和发展的物质基础，是关系国计民生的战略性资源。中药材保护和发展得到了党中央、国务院的高度重视，一系列促进中药材发展的法律规划的颁布，如《中华人民共和国中医药法》的颁布，为野生资源保护和中药材规范化种植养殖提供了法律依据；《中医药发展战略规划纲要（2016—2030年）》提出推进“中药材规范化种植养殖”战略布局；《中药材保护和发展规划（2015—2020年）》对我国中药材资源保护和中药材产业发展进行了全面部署。

中药材生产和加工是中药产业发展的“第一关”，对保证中药供给和质量安全起着最为关键的作用。影响中药材质量的问题也最为复杂，存在种源、环境因子、种植技术、加工工艺等多个环节影响，是我国中医药管理的重点和难点。多数中药材规模化种植历史不超过30年，所积累的生产经验和研究资料严重不足。中药材科学种植还需要大量的研究和长期的实践。

中药材质量上存在特殊性，不能单纯考虑产量问题，不能简单复制农业经验。中药材生产必须强调道地药材，需要优良的品种遗传，特定的生态环境条件和适宜的栽培加工技术。为了推动中药材生产现代化，我与我的团队承担了农业部现代农业产业技术体系“中药材产业技术体系”建设任务。结合国家中医药管理局建立的全国中药资源动态监测体系，致力于收集、整理中药材生产加工适宜技术。这些适宜技术限于信息沟通渠道闭塞，并未能得到很好的推广和应用。

本丛书在第四次全国中药资源普查试点工作的基础下，历时三年，从药用资源分布、栽培技术、特色适宜技术、药材质量、现代应用与研究五个方面系统收集、整理了近百个品种全国范围内二十年来的生产加工适宜技术。这些适宜技术多源于基层，简单实用、被老百姓广泛接受，且经过长期实践、能够充分利用土地或其他资源。一些适宜技术尤其适用于经济欠发达的偏远地区和生态脆弱区的中药材栽培，这些地方农民收入来源较少，适宜技术推广有助于该地区实现精准扶贫。一些适宜技术提供了中药材生产的机械化解决方案，或者解决珍稀濒危资源繁育问题，为中药资源绿色可持续发展提供技术支持。

本套丛书以品种分册，参与编写的作者均为第四次全国中药资源普查中各省中药原料质量监测和技术服务中心的主任或一线专家、具有丰富种植经验的中药农业专家。在编写过程中，专家们查阅大量文献资料结合普查及自身经验，几经会议讨论，数易其稿。书稿完成后，我们又组织药用植物专家、农学家对书中所涉及植物分类检索表、农业病虫害及用药等内容进行审核确定，最终形成《中药材生产加工适宜技术》系列丛书。

在此，感谢各承担单位和审稿专家严谨、认真的工作，使得本套丛书最终付梓。希望本套丛书的出版，能对正在进行中药农业生产的地区及从业人员，有一些切实的参考价值；对规范和建立统一的中药材种植、采收、加工及检验的质量标准有一点实际的推动。

黄璐琦

2017年11月24日

前　言

当归［*Angelica sinensis*（Oliv.）Diels］为伞形科多年生草本植物，高40～100cm，适宜生长于海拔1700～3000m的高寒山区，主产于甘肃、云南、四川、陕西、湖北、青海和贵州等省区。以干燥根入药，是载入《中国药典》的常用中药，具有补血活血、调经止痛、润肠通便的功效，用于血虚萎黄，眩晕心悸，月经不调，经闭痛经，虚寒腹痛，风湿痹痛等症，素有“十方九归”之称。1949年后，当归生产得到国家、省（市）各级政府及相关部门的大力支持。以当归为主要原料的中成药、保健品以及化妆品等产品得到了较好的应用与发展。

目前当归种植及产地初加工技术操作规范尚不完善，影响了当归的经济和社会价值。鉴于此，本书从当归的植物形态特质、品种（品系）选育、地理分布及生态适宜性分布区划等方面概述了当归的药用资源现状；并着重介绍了当归种子种苗繁育、采收与产地加工技术等栽培技术；通过本草考证与道地沿革、药典标准、质量评价三方面对其药材质量进行论述；最后从化学成分、药理研究等方面对当归现代研究与应用进行整理。

本书编写时间仓促，编辑人员水平有限，疏漏之处，希望读者给予批评指正。

编者

2017年4月

目 录

第1章

概　述

当归始载于《神农本草经》，已有2000多年的药用历史，具有补血活血、调经止痛之功，以“妇科人参”著称。除药用外，在亚洲、欧洲和美国，当归还被作为保健食品、化妆品和膳食补充剂使用。其野生资源濒危，至今，已栽培1000多年。市场流通的当归药材全部来自于栽培，产于甘肃、云南、四川、湖北等省。其中，甘肃岷县为道地产区，以“岷归”闻名世界，2002年和2005年先后通过了国家检验检疫局“岷归”原产地标记认证地和国家工商行政管理总局商标局核准注册“岷县当归”证明商标。

当归属低温长日照植物，喜冷凉湿润气候，怕干旱、高温，适宜生长在海拔1700～3000m、土质疏松肥沃、无积水的高寒阴湿山区，低海拔区种植因气温过高而不易越夏。据文献记载，民国年间已有25个县种植当归，1989年甘肃省有21个县（区）种植（或试种）当归，至2011年达到45个。2008年全国当归栽培面积约45万亩，至2014年全国当归种植面积已达约65万亩。2014年甘肃省当归种植面积50万亩，占全国种植面积的76.9%，其中，岷县当归种植面积15万亩，占定西市当归种植面积的50.3%，占甘肃省当归种植面积的30%，占全国当归种植面积的23.1%。

《中国药典》收载中成药中含有当归药材的有287种，制药企业消耗当归较多，加上保健产品、食品及临床配方等使用量，当归药材年需求量超过3万吨。然而，由于市场的不稳定性，当归药材生产中有时出现盲目提高产量、跟风种植和无序发展等现象，会不同程度的影响其质量，进而影响疗效。适宜的生产加工技术在提高当归产量的同时能够保证药材质量，应为药材生产所提倡。

第2章

当归药用资源

一、形态特质及分类检索

中药当归为伞形科植物当归［*Angelica sinensis*（Oliv.）Diels］的干燥根。

（一）植物形态特征

当归为多年生草本，高40～100cm（图2-1）。根圆柱形，具分枝，主根粗短，肥大肉质，表面黄棕色，有特异香气。茎绿白色或带紫红色，有明显的纵槽纹，光滑无毛。基生叶和茎下部叶卵形，长8～18cm，宽15～20cm，3出式2～3回羽状全裂，裂片卵形或卵状披针形，长1～2cm，宽5～15mm，2～3浅裂，边缘有尖齿；叶柄长3～11cm，基部膨大成管状的薄膜质鞘（图2-2），紫色或绿色；叶脉及边缘被稀疏的乳头状白色细毛；茎上部叶简化成羽状分裂和囊状的鞘。复伞形花序顶生，花序梗长4～7cm，密被细柔毛，伞梗10～19，长短不等，基部有2枚条形总苞片或缺；每一小伞形花序有花12～36朵，小总苞片2～4，条形；花白色，萼齿5，卵形，瓣5，长卵形，先端狭尖，略向内折；雄蕊5，花丝内弯；子房下位，花柱短，基部圆锥形（图2-3）。双悬果椭圆形至卵形，长4～6mm，宽3～4mm，成熟后紫色；分果瓣具5

图2-1　当归原植物

图2-2　当归叶柄鞘

图2–3　当归花序

图2–4　当归种子小伞

棱，背棱线形，隆起，侧棱展成宽翅，与果体等宽或略宽，每个棱槽中具油管1，接合生面具油管2（图2–4）。花期6～7月，果期7～9月。

（二）当归属植物检索表

当归属植物为二年生或多年生草本，常有粗大圆锥状或圆筒状直根。茎直立，圆筒形，常中空，无毛或有毛。叶三出羽状分裂或多裂，裂片宽或狭，多有锯齿、牙齿或浅齿，少数全缘；叶柄膨大成囊状或管状叶鞘。复伞形花序顶生和侧生；总苞片和小总苞片全缘，多数至少数，稀缺；伞辐多数至少数；花白色或带绿色，稀淡红色或深紫色；萼齿常不明显；花瓣卵形至倒卵形，先端渐狭，内凹成小舌片，背面多无毛；花柱基呈扁圆锥状至垫状，花柱展开或弯曲，短至细长。果实卵形至长圆形，光滑或有柔毛，背棱和中棱呈肋状、线形，稍隆起，侧棱宽阔或呈狭翅状，成熟时两分生果互相分开；分生果横剖面呈半月形，每个棱槽中具油管1至数个，合生面具油管2至数个。胚乳腹面平直或稍凹入；心皮柄2裂至基部。

全球当归属植物约90种，大部分产于北温带。我国分布有45种，其中有32个特

有种，主产于东北、西北和西南地区。本属药用植物较多，有当归、白芷、杭白芷等。

当归属（*Angelica* L.）植物检索表

1 叶鞘具短柔毛或短刺。

2 叶轴密被短柔毛 ……………………………………………………东川当归*A. duclousii*

2 叶轴无毛。

3 叶无毛。

4 苞片5～9，合生面无油管 ……………………………………… 阿坝当归*A. apaensis*

4 苞片1或缺，合生面具油管2 ………………………………… 狭叶当归*A. anomala*

3 叶片沿叶脉有糙硬毛或细刚毛。

5 叶鞘有微刺，果实椭圆形至狭椭圆形，合生面具油管4 …… 金山当归*A. valida*

5 叶鞘有短柔毛，果实近圆形至椭圆形，合生面具油管2 …………………………………………………………………………………………………四川当归*A. setchuenensis*

1 叶鞘无毛（重齿当归偶微有短柔毛）。

6 叶轴及小叶柄膝状弯曲。

7 子房有柔毛或短硬毛。

8 小苞片缺 ……………………………………………… 曲柄当归*A. fargesii*

8 小苞片多数，线形 ……………………………………… 毛珠当归*A. genuflexa*

7 子房无毛。

9 小苞片边缘白色膜质，果实狭长圆形，长6～7mm，宽3～3.5mm……………………………………………………………………………………………… **天目山当归*A. tianmuensis***

9 小苞片无白色膜质边缘，果实长圆状椭圆形，长6～7mm，宽3～5mm ……………………………………………………………………………………………………… **拐芹*A. polymorpha***

6 叶轴及小叶柄不膝状弯曲。

10 基生叶和下部茎生叶1～4回羽状。

11 伞辐7～20。

12 叶先端钝…………………………………………………… **青海当归*A. nitida***

12 叶先端锐尖至长尖。

13 小苞片披针形，先端具长芒……………………………… **城口当归*A. dielsii***

13 小苞片小，锥形……………………………………… **峨眉当归*A. omeiensis***

11 伞辐20～50。

14 叶2～4回羽状。

15 小叶边缘具缘毛，先端长尾状渐尖………………… **长序当归*A. longipes***

15 小叶边缘无缘毛，先端锐尖。

16 花瓣白色，萼齿不明显 ………………………… **林当归*A. sylvestris***

16 花瓣微绿色，萼齿明显，三角状卵形 ……… **带岭当归*A. dailingensis***

14 叶1～2回羽状。

17 羽状叶。

18 花梗10～25mm ………………………………………… **长柄当归*A. longipedicellata***

18 花梗4～7mm ……………………………………………… **太鲁阁当归*A. tarokoensis***

17 叶2回羽状。

19 小叶无毛……………………………………………………… **松潘当归*A. songpanensis***

19 小叶沿叶脉有短柔毛。

20 苞片和小苞片边缘具缘毛，伞辐密被短柔毛……… **管鞘当归*A. pseudoselinum***

20 苞片和小苞片边缘无缘毛，伞辐近无毛………………**玉山当归*A. morrisonicola***

10 基生叶和下部茎生叶1～3回三出或1～3回三出羽状。

21 叶1～3回三出。

22 叶先端锐尖，每棱槽具油管2～3，合生面具油管4 …………………………

…………………………………………………………… **秦岭当归*A. tsinlingensis***

22 叶先端钝圆或锐尖，每棱槽具油管1，合生面具油管2 ………………………

…………………………………………………………………… **三小叶当归*A. ternate***

21 叶1～3回三出羽状。

23 花瓣背面多毛，子房有糙硬毛…………………………**滨当归*A. hirsutiflora***

23 花瓣及子房均无毛（台湾独活子房有短柔毛）。

24 萼齿明显，三角状卵形至锥形。

25 叶三回三出羽状，果实具次棱2，略突出 …**隆萼当归*A. oncosepala***

25　叶1～2回三出羽状，果实无次棱。

26　小苞片羽状……………………………………………………………羽苞当归*A. pinnatiloba*

26　小苞片不是羽状。

27　小叶下延至叶柄，正面有短硬毛…………………………………　紫花前胡*A. decursiva*

27　小叶不下延，无毛…………………………………………………　康定当归*A. kangdingensis*

24　萼齿不明显。

28　苞片及小苞片边缘具缘毛。

29　茎无毛。

30　果实狭长圆形，　长5～9mm，　宽2.5～4mm，　合生面具油管3～6　………

…………………………………………………………………………　长尾当归*A. longicaudata*

30　果实近圆形，长4～6mm，宽3～5mm，合生面具油管2　……………………

…………………………………………………………………………　疏叶当归*A. laxifoliata*

29　茎有短柔毛或短硬毛。

31　小叶边缘有细锯齿及缘毛，伞辐40～60………　茂汶当归*A. maowenensis*

31　小叶边缘有不规则锯齿，伞辐10～25………………　重齿当归*A. biserrata*

28　苞片及小苞片边缘无缘毛。

32　小叶基部下延，叶轴有明显的翅。

33　苞片缺，花瓣白色　………………　长鞘当归*A. cartilaginomarginata*

33　苞片2，花瓣深紫色　……………………………　朝鲜当归*A. gigas*

32 小叶基部不下延（白芷微下延），叶轴无翅。

34 茎及叶无毛。

35 苞片缺，果实狭长圆形……………………………………………………东当归*A. acutiloba*

35 苞片发育，果实椭圆形至近圆形。

36 伞辐17～30，不等长，果实长5～7mm …………… 牡丹叶当归*A. paeoniifolia*

36 伞辐10～20，近等长，果实长7～12mm。

37 羽片3小叶，果实背棱翅等长 ………………………………灰叶当归*A. glauca*

37 羽叶不是3小叶，果实背棱翅不等长 ………………… 多茎当归*A. multicaulis*

34 茎及叶通常有毛。

38 叶轴、花序梗、伞辐及花梗密被短硬毛…………… 黑水当归*A. amurensis*

38 叶轴、花序梗、伞辐及花梗部分有毛或无毛。

39 叶1～2回三出羽状，小苞片全缘或2～3浅裂 ………………………………

…………………………………………………… 巴郎山当归*A. balangshanensis*

39 叶2～3回三出羽状，小苞片全缘。

40 小叶长2～3.5cm，宽0.8～2.5cm。

41 小苞片被短柔毛，果实侧棱狭翅形，翅比果实窄…… 福参*A. morii*

41 小苞片无毛，果实侧棱宽翅形，翅比果实宽……… 当归*A. sinensis*

40 小叶长5～15cm，宽2～10cm。

42 小苞片缺，花瓣深紫红色…………………大叶当归*A. megaphylla*

42 小苞片多数，花瓣通常白色。

43 小叶边缘有不明显的细锯齿，小苞片顶端具长芒…………丽江当归*A. linkiangensis*

43 小叶边缘有粗锯齿，小苞片顶端不具芒。

44 小叶边缘具缘毛，伞辐16～18……………………………………湖北当归*A. cincta*

44 小叶边缘无缘毛，伞辐18～40………………………………………白芷*A. dahurica*

二、选育品种（系）

1. 岷归1号

岷归1号为三年生草本，株高30～120cm。幼苗期茎半直立，叶色叶柄淡绿色。成药期叶深绿色2或3回奇数羽状复叶，叶柄淡紫色；主根黄白色，圆锥形，根长40cm。开花结籽期茎秆紫色；花白色，顶生；种子淡白色，长卵形。

2. 岷归2号

岷归2号株高30～140cm。成药期叶柄、叶脉均为绿色。开花结籽期茎秆绿色。其他植物形态特征同岷归1号。

3. 岷归3号

岷归3号株高25～108cm；成药期主茎淡紫色，叶绿色，叶缘有缺刻状或钝锯齿；根长23～31cm。开花结籽期未开放的花苞呈淡紫色；双悬果，由二分果构成，分果内有种子一枚，白色。其他植物形态特征同岷归1号。

4. 岷归4号

岷归4号平均株高约72cm。成药期平均根长28cm。结籽期主茎深紫色。其他植物形态特征同岷归1号。

5. 岷归5号

岷归5号株高81cm左右，主茎、侧茎均为淡紫色。成药期叶片2或3浅裂。开花结籽期未开放花苞淡紫色。其他植物形态特征同岷归1号。

6. 岷归6号

岷归6号株高41～85cm左右。成药期根长23～35cm；开花结籽期主茎淡紫色，具蜡粉。其他植物形态特征同岷归1号。

7. 窑归1号

窑归1号株高130cm左右，茎秆紫红色。成药期基生叶2～3回奇数羽状复叶，叶柄绿色；根黄白色，分枝较少，多独根，主根长30cm左右，芦头直径3cm左右。

三、生物学特性

（一）栽培生态环境

当归产于高寒山区，为低温长日照植物，温度、光照和湿度为影响其生长的主要气候因子。当归性喜阴湿冷凉气候，怕干旱、高温及梅雨天积水，抗旱性和抗涝性均弱，适宜生长在海拔1700～3000m的潮湿坡地。产区气候条件，年均温为3～13℃，年积温（≥10℃）为2000～3000℃，年最低温-26℃左右，年降水量

600～1000mm，年平均日照时数为2100～2300小时，空气相对湿度65%～80%，无霜期90～190天。当归栽培对土壤要求不严，土质疏松、土层深厚、富含有机质和排水良好的中性、微酸性或微碱性土壤均可，在大黑土（pH7）、黑麻土（pH6.5）、黑沙土（pH7）、鸡粪土、黑泡土、白黄土（pH7～8）及红砂土中均能生长，以中性或弱碱性富含腐殖质的砂质土壤较好。

（二）种子特性

当归种子在6℃左右即可萌发，10～20℃发芽速度随温度升高而加快，发芽率增高，大于20℃发芽速度减慢，发芽率显著下降，35℃以上发芽力迅速丧失。高海拔区春季直播，当归种子出苗率可高达93.8%。适当的超声处理、低浓度Zn^{2+}、低浓度聚乙二醇、低浓度大蒜挥发物质、稀土Nd^{3+}、低浓度牛蒡低聚果糖和杀菌剂（甲基托布津和百菌清）拌种均可促进当归种子萌发，提高种子发芽率。其中，干旱和Zn^{2+}浓度的升高，会显著降低当归发芽率；而低浓度大蒜挥发物质在提高当归种子的发芽率的同时并能促进发芽整齐度，弱极性成分更有利于提高当归种子发芽率，极性成分则有利于促进发芽整齐度；杀菌剂拌种不仅能够提高当归种子的发芽率，而且可以降低烂种率。

不同品种（系）不同类型当归种子的发芽率不同。定西市农业科学研究院选育的7个不同当归品种（系）中岷归4号和岷归2号的发芽率和发芽势均高于其他品种（系）。同一品种（系）的正常种子和火药籽的发芽率基本相同，野生当归种子的发芽率显著高于岷归2号、岷归2号火药籽、岷归1号和岷归1号火药籽，岷归2号和岷归

2号火药籽的发芽率则显著高于岷归1号和岷归1号火药籽。

当归种子寿命较短，种子含水量和贮藏温度均可影响当归种子的发芽。室温贮藏的当归种子越夏之后发芽率急剧下降，9月份发芽率几乎丧失，5～8℃贮藏的当归种子越夏后发芽率约46%，而0℃以下贮藏的种子在贮藏期间发芽率基本维持在80%左右；当归种子干燥处理后的发芽率显著高于未干燥处理。因此，低温干燥贮藏可延长当归种子的寿命，提高发芽率，其寿命可达3年以上。

（三）生长发育特性

野生当归为两年生草本。第一年种子萌发，形成肉质根后休眠；第二年抽薹开花结实，收获种子。因此，野生当归第一年根太小，第二年根因抽薹开花而木质化，不能满足医疗需要。当归为典型的具有春化作用的植物，栽培工作者将2年生当归进行3年生栽培，第一年育苗形成种苗后起挖入窖（避免了春化阶段）；第二年春季种苗移栽，开始营养生长，形成肥大肉质的根入药，留种植株当年在田间越冬通过春化阶段；第三年留种植株抽薹开花，形成种子。

在当归个体发育过程中一般有20%～30%（高达80%～90%）的植株第二年就抽薹、开花、结籽（火药籽），即“早期抽薹”现象，该现象由当归个体发育进程加快所致。抽薹的当归根部不再膨大并木质化，形如柴根，不能入药。当归早期抽薹从6月中旬开始，6月中旬至7月中旬为高发期，10月初仍有抽薹植株出现。当归早期抽薹的植株多基础营养条件好，生长旺盛。

当归早期抽薹现象与种子、种苗及栽培条件均有关。头穗种子、老熟种子、蜡熟种子及火药籽育苗易发生早期抽薹现象；苗龄太长、太短、苗根过大过重及营养过于充足均易发育为早期抽薹植株；干旱、土壤贫瘠、低海拔、阳坡、高温地育苗或移栽及病虫害等不良栽培条件也可加速当归个体发育引起早期抽薹。

当归早期抽薹过程中多个生化指标及内源激素发生变化，如：游离氨基酸量、过氧化物酶、多酚氧化酶、可溶性蛋白磷含量、赤霉素、玉米素核苷、生长素、脱落酸等。其中，生长素、高浓度脱落酸、赤霉素及玉米素核苷可促进当归早期抽薹，而矮壮素和多效唑可通过抑制赤霉素的生物合成而降低早期抽薹率。此外，选择侧茎种子、控制种子成熟度和苗龄、种苗安全越冬贮藏、选择根直径≤0.45cm的种苗高海拔移栽、遮阳栽培及进行温室冬季基质育苗等均可降低当归早期抽薹率。

（四）生长发育规律

栽培当归通常为三年生草本，有性繁殖，主要采用育苗移栽的方式生产。当归第一年为育苗期，第二年为成药期，第三年为开花结实期。

1. 第一年——育苗期

当归为种子育苗繁殖，育苗期一般为110天左右。生地育苗和熟地育苗播种期为5月下旬至6月上旬，种子吸水膨胀后在6℃即可萌发，温湿度适宜条件下7～10天即可出苗，20天左右苗基本出齐，7月中下旬当归苗长出1～2片真叶，7月下旬至9月上旬当归苗地上部分和地下部分进入快速生长期，整个育苗期当归苗根鲜重、干重、单株重量均在平稳增加，9月下旬至10月上旬（寒露过后）起苗置通风阴凉干燥处。

温室育苗播种期为10月下旬至12月上旬，播种后15～20天出苗，1月下旬至3月上旬为快速生长期，3月下旬至4月上旬开始炼苗。

2. 第二年——成药期

当归种苗移栽时间为3月中旬至4月上旬。第二年基本都处于营养生长阶段，一般为270～300天，全年可划分为出苗期、展叶期、旺盛生长期、根系生长期、枯萎休眠期5个生育期。成药期当归根系在5～8℃开始萌动，9～9.5℃时出苗。该期当归株高呈"S"形变化趋势，6月下旬至7月上旬增长速度最快，增长基本持续到8月；地上部分干物质积累在6月至8月迅速增加，此后略呈负增长趋势；地下部分重量在5月下旬至6月上旬有所降低，6月至8月一直在增加，7月至9月增长迅速，9月生长发育和干物质积累达到顶峰；10月之后，地上部分逐渐枯萎，当归生长进入休眠期。

3. 第三年——开花结实期

当归开花结实期可分为返青出苗期、抽薹期、开花期、结实期、果实成熟期5个生育期。田间越冬的当归植株3～4月开始返青；6月至8月地上部分生长旺盛；6月下旬当归开始抽薹，地下部分生长下降；7月进入开花期；8月结实；8月中、下旬果实成熟，复伞形花序弯曲，几无地下部分；9月初采摘种子。整个生殖期单株重量不随根部重量的减少而减少。

（五）品种选育

品种即指由人类培育选择创造，经济性状及农业生物学特性符合生产和消费要

求，在一定栽培条件下，依据形态学、细胞学、花学等特异性可以和其他群体相区别，个体间的性状相对相似，以适当的繁育方式（有性或无性）能保持其重要特性的一个栽培植物群体。

自1990年起，甘肃省定西市农业科学研究院联合甘肃省其他科研院所及高校开始选育当归新品种。至今，共选育当归新品种6个，分别为岷归1号［*Angelica sinensis*（Oliv）cv.“*mingui*–1”］、岷归2号［*A. sinensis*（Oliv）cv.“*mingui*–2”］、岷归3号［*A. sinensis*（Oliv）cv.“*mingui*–3”］、岷归4号［*A. sinensis*（Oliv）cv.“*mingui*–4”］、岷归5号［*A. sinensis*（Oliv）cv.“*mingui*–5”］和岷归6号［*A. sinensis*（Oliv）cv.“*mingui*–6”］。此外，湖北省农科院中药材研究所联合恩施济源药业科技开发有限公司于2012年成功选育当归新品种窑归1号［*A. sinensis*（Oliv）cv.“*yaogui*–1”］。

1．岷归1号

岷归1号由定西市农业科学研究院与甘肃农业大学于1990～2003年对岷县栽培绿茎、紫茎及紫绿茎当归采用系统选育法获得，并于2004年7月通过甘肃省科技成果鉴定，同时获得2005年度甘肃省“科技进步”三等奖。该品种质量符合2000年版《中国药典》标准，耐寒性强，耐旱性弱，耐湿性较强，耐盐碱性弱，抗干热风能力较弱，具有特征显著、农艺综合性状优良、高产等特点。与对照组相比，岷归1号特级和一级品出成率分别提高了2.5%和4.2%；增产19.4%；早期抽薹率降低了1.3%；根病发病率及病情指数分别降低了0.5%和0.6%。

2. 岷归2号

岷归2号由定西市农业科学研究院、中国科学院近代物理研究所、岷县药材产业发展局及岷县农业技术推广站于1990～2005年对岷县栽培的绿茎当归采用系统选育法获得，并于2006年5月通过甘肃省科技成果鉴定，同时获得2007年度甘肃省“科技进步”三等奖。该品种质量综合指标显著优于2000年版《中国药典》规定标准，耐寒性强，耐旱性弱，耐湿性较强，耐盐碱性弱，抗干热风能力较弱，具有高产、稳产、抗病虫能力强、早期抽薹率低、抗逆性广等特点。与岷归1号相比，岷归2号特级、一级品出成率分别提高2.7%和3.7%；增产12.2%；早期抽薹率降低3.7%；麻口病发病率及病情指数分别降低1.3%和0.7%。

3. 岷归3号

岷归3号由中国科学院近代物理研究所及定西市农业科学研究院于1993～2007年采用重离子束Ar辐射岷归1号种子选育而成，并于2007年通过甘肃省科技成果鉴定。该品种质量优于2005年版《中国药典》规定标准，耐寒性较强，耐旱性弱，耐湿性较强，耐盐碱性弱，抗干热风能力较弱，具有特征显著、农艺综合性状优良、抗病性强、高产等特点。与岷归1号相比，岷归3号特级、一级品出成率分别提高8.2%和10.4%；增产15%；早期抽薹率降低2.2%；麻口病发病率及病情指数分别降低3.3%和0.7%。2007年9月23日甘肃省农业科学院植物保护研究所田间抗性结果表明，自然状态下岷归3号的田间麻口病发病率和病情指数均为0，表现出高度抗病性。

4. 岷归4号

岷归4号由定西市农业科学研究院和甘肃中医药大学于1993～2010年利用55MeV/u $^{40}Ar^{17+}$中能离子束2.5Gy剂量辐照岷归1号种子并按育种程序选育而成，并于2010年8月通过甘肃省科技成果鉴定，同时获得2013年甘肃省农牧渔业丰收二等奖。该品种质量优于2005年版《中国药典》规定标准，耐寒、耐湿性较强，耐旱、耐盐碱性较弱，抗干热风抵抗力较差，具有特征显著、遗传性稳定、农艺性状优良、高产等特点。与岷归1号相比，岷归4号特级、一级品出成率均提高7.2%；增产21.9%；早期抽薹率降低6.2%；麻口病发病率及病情指数分别降低30%和13.3%，田间抗病性表现良好。

5. 岷归5号

岷归5号由定西市农业科学研究院于1998～2011年对岷县栽培的大叶型当归采用系统选育法获得，并于2012年7月通过甘肃省科技成果鉴定，2013年1月获得甘肃省农作物品种审定委员会审（认）定证书。该品种质量符合2000年《中国药典》标准，耐寒、耐湿性较强，耐旱、耐盐碱性较弱，抗干热风及雹灾抵抗力较差，具有特征显著、遗传性稳定、农艺性状良好、高产、优质等特点。与岷归1号相比，岷归5号特级、一级品出成率均提高13.3%；增产17.4%；早期抽薹率降低5.2%；麻口病发病率及病情指数分别降低30%和13.3%，田间抗病性表现良好。

6. 岷归6号

岷归6号由定西市农业科学研究院和甘肃中医药大学于2012～2015年应用$^{40}Ar^{17+}$中能离子束，对岷归1号种子进行辐照处理，按诱变育种选育程序选育而成，并于

2016年2月获得甘肃省农作物品种审定委员会审（认）定证书。该品种质量符合2010年版《中国药典》标准，具有高产、抗病性强等特点。与岷归1号相比，岷归6号增产21.4%；麻口病发病率降低18.7%，病情指数降低12.3%。

7. 窑归1号

窑归1号由湖北省农科院中药材研究所和恩施济源药业科技开发有限公司于1999～2011年对恩施石窑栽培当归采用系统选育法获得，并于2013年4月获得湖北省农作物品种审定委员会审（认）定证书。该品种质量符合2010年版《中国药典》标准，具有植株高达、生长势强、产量高等特点。与恩施石窑大田混种品相比增产约12.29%。

四、地理分布

当归适宜生长在海拔1700～3000m的高寒山区，野生资源稀少，西藏自治区林芝地区、四川省九寨沟及平武县、甘肃省岷县和漳县偶尔可见野生当归。第四次全国中药资源普查中甘肃岷县境内只有马烨和马沿林牧区发现分布区域狭小的野生当归。第三次中药资源普查结束后《中药区划》中记载，当归家种药材分布区为甘肃南部、陕西南部、四川、云南北部及西北部、湖北西南部及贵州西北部，其中，主要产区集中在甘肃南部的临潭、岷县、宕昌一带及云南丽江、兰坪周边。目前，商品当归几乎全部来源于栽培品。我国当归资源主要分布在甘肃、云南、四川、陕西、青海、贵州及西藏等省区。

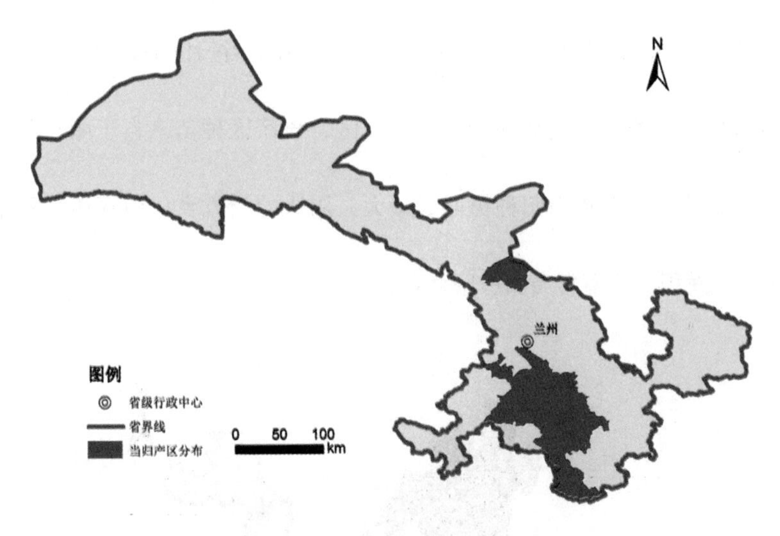

图2-5　甘肃省当归产区分布

（一）甘肃省当归资源分布

甘肃为当归道地产区，早在1800年前，宕昌、岷县一带就已人工种植，现已形成较大栽培规模。现当归产地主要包括岷县、宕昌、漳县及渭源南部的半山区。该地区西靠青藏高原东麓，东接西秦岭，南至岷山，北临黄土高原，气候冷凉阴湿，土壤肥沃，所产当归产量高，质量佳，形成甘肃当归主要产区。此外，卓尼、临潭、礼县、陇西、舟曲、陇南及文县等地也有当归种植传统。近年，随着市场需求增加，当归价格上涨，种植面积扩大，和政、康乐、西和、临夏及武山发展形成新的当归产区。甘肃省当归产区分布见图2-5。

（二）云南省当归资源分布

云南省当归种植始于1910年，鹤庆、剑川从甘肃引种。维西、德钦、香格里拉、兰坪及鹤庆为云南当归老产区。其中，鹤庆马厂为云南省当归道地产区，栽培历史悠久，产品质量佳，被称为“马厂当归”。近年，由于当归价格高及当地政府的大力扶持，曲靖和昭通等地发展成为新的当归产区，该产区种苗来自于丽江及岷县。目前，曲靖沾益县在云南省当归种植面积最大，周边的炎方乡、白水镇、菱角乡等地也有较大种植面积。云南省当归产区分布见图2-6。

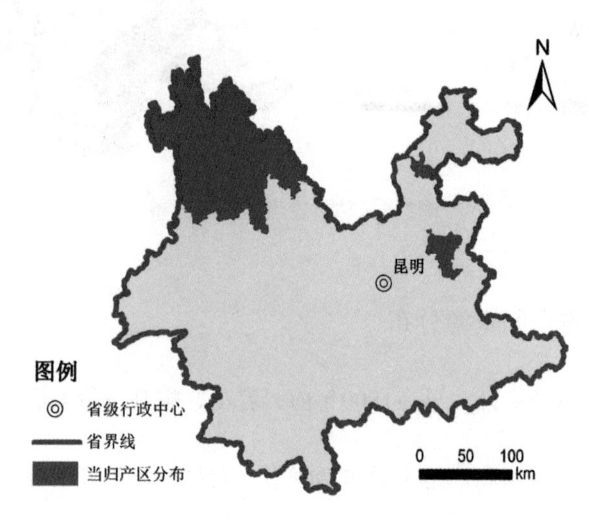

图2-6　云南省当归产区分布

（三）四川省当归资源分布

四川宝兴和甘孜地区当归种植始于20世纪60年代从甘肃岷县引种，现有少量种植，多为自己留种。九寨沟、平武、松潘及北川与甘肃南部当归产区接壤，种苗主要购于甘肃岷县，且当地政府有相应的补贴措施，种植规模较大。阿坝州茂县、小金、理县、青川及江油地区也有一定的当归种植规模。四川省当归产区分布见图2-7。

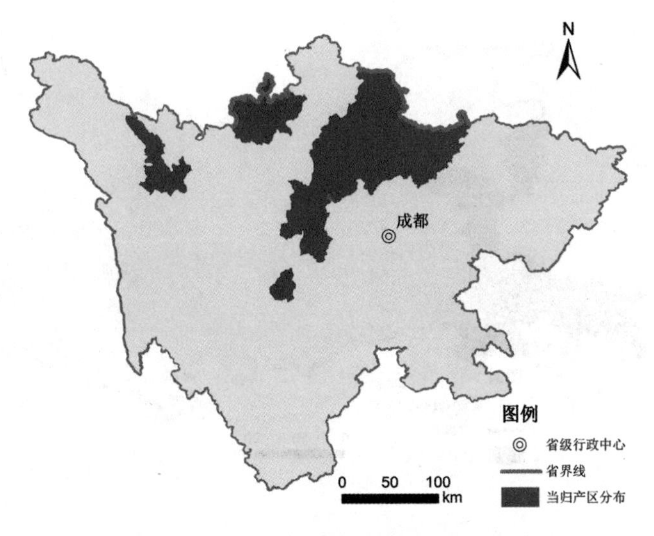

图2-7 四川省当归产区分布

（四）湖北省当归资源分布

湖北省当归栽培历史有1270余年，恩施州红土乡石窑村所产当归于1956年12月由中国药材公司湖北省公司定名为“窑归”，在20世纪中叶尚有一定出口规模，1963年因计划经济的影响退出市场，生产停滞了数十年。恩施、利川、建始、巴东、神农架林区、鹤峰等地也有小面积当归种植。此外，咸丰、竹溪等地也有零星分布的当归资源。湖北省当归产区分布见图2-8。

（五）陕西省当归资源分布

陕西省当归产区主要分布在平利、太白、留坝、汉滨和南郑。20世纪90年代，陇县、镇坪县等地因抽薹率高少有种植。陕西省当归产区分布见图2-9。

（六）西藏自治区当归资源分布

西藏野生当归资源为全国之最，林芝地区（林芝、工布江达）所产当归一般为

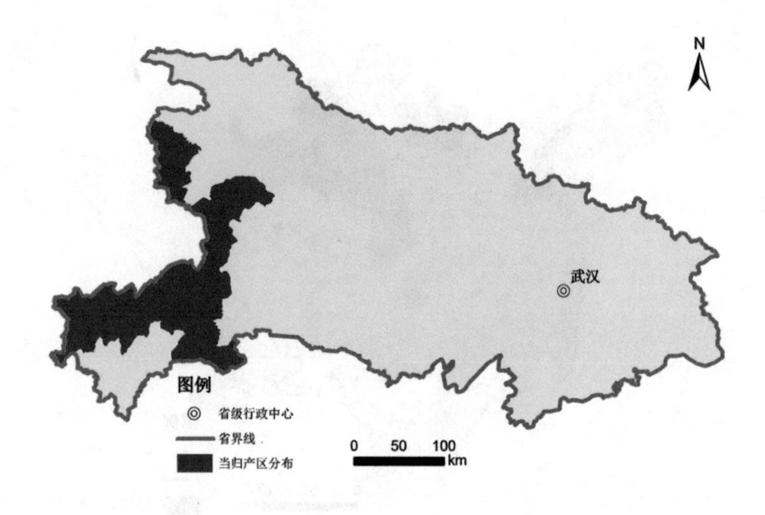

图2-8 湖北省当归产区分布

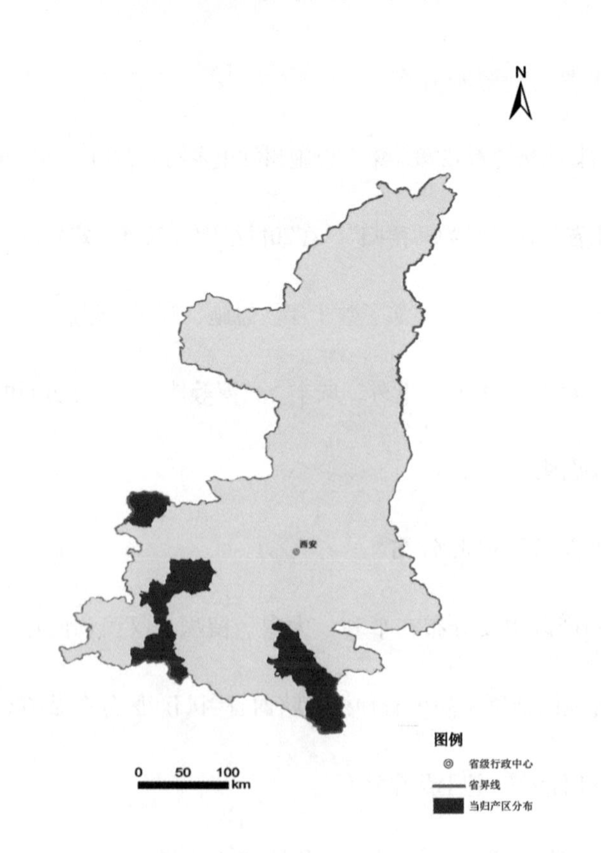

图2-9 陕西省当归产区分布

野生。此外，米林县、朗日县、昌都地区（八宿县）、那曲地区（定日县）、日喀则地区（聂拉木县）、山南地区（加查县）、波密等地均有分布。西藏自治区当归产区分布见图2-10。

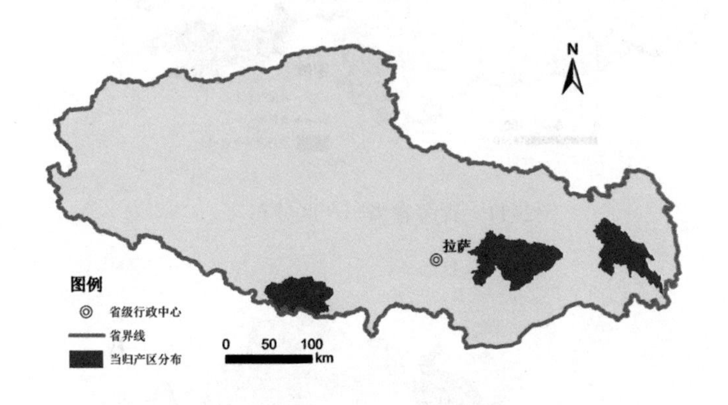

图2-10　西藏自治区当归产区分布

（七）青海省当归资源分布

青海省当归种源主要来自于甘肃，分布于湟中县、民和县、乐都县、化隆回族自治县、互助土族自治县、大通县、班玛县、达日县、久治县、平安县、同仁县等地。青海省当归产区分布见图2-11。

（八）贵州省当归资源分布

贵州省当归产地是由近年云南曲靖等地当归生产带动所发展形成的，分布于雷山、遵义、习水、威宁及黄平等地。贵州省当归产区分布见图2-12。

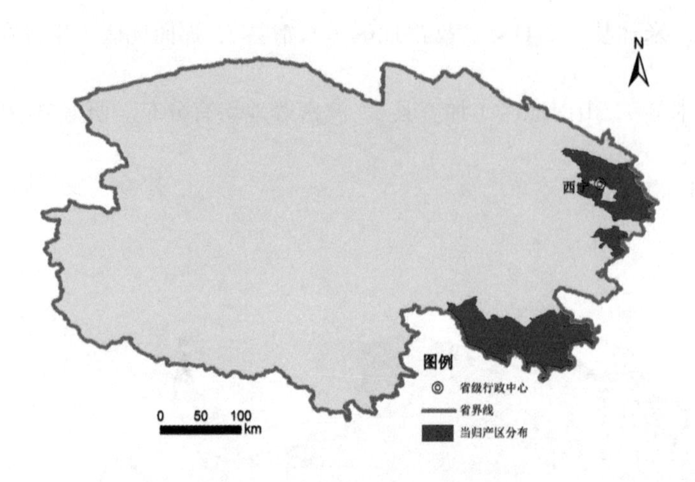

图2-11　青海省当归产区分布

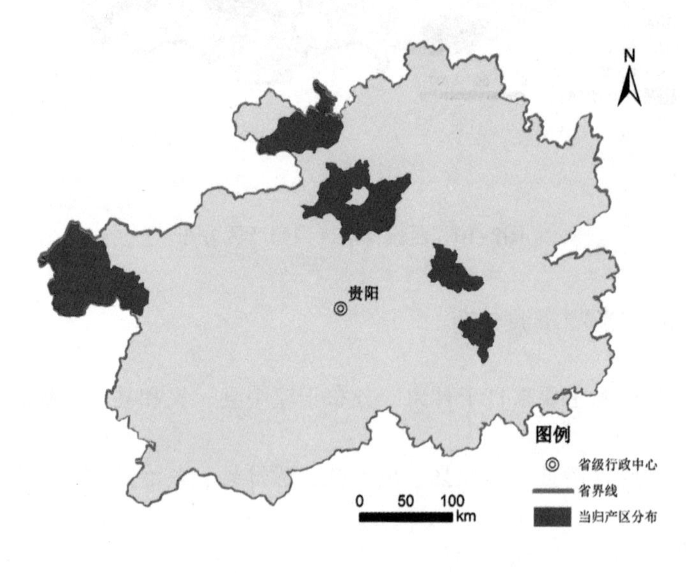

图2-12　贵州省当归产区分布

五、生态适宜性分布区域与适宜种植区域

“诸药所生，皆有境界”，揭示了药材产地适宜性及品质的关系。中药生态适宜性分布区是在研究资源所在地自然条件的空间分异规律，并按该规律对其适宜生长

的区域进行划分，即属于中药生态区划范畴。作为药材，除了关注自然条件（气候、土壤、地形地貌）对其分布的影响外，品质尤为重要，适宜的种植区域除了生长条件的要求，还应涵盖药材品质要求。

（一）传统调查研究

当归原产于高寒山区，属低温长日照植物，喜湿润冷凉气候，怕干旱、高温。《中国中药资源区划》一书中记载，根据历史栽培习惯及生态、经济条件等综合因素，当归适宜在云南丽江、兰坪、中甸、剑川、巍山等县，四川汉源、宝兴、理县、平武、南坪，甘肃临潭、卓尼、武都、漳县、渭源、宕昌、岷县、康乐、临洮、榆中、武山、陇西等县发展。

甘肃省当归生态气候分析及适生种植区划研究认为，根据农业气候资源的分布特点及当归独特的生态气候条件和农业生产特点，可将甘肃省当归种植区分为最适宜、适宜、次适宜、可种植及不能种植区。其中，最适宜种植区即为甘肃省当归重点产区，包括岷县、漳县及渭源南部半山区及宕昌、礼县的少部分地区，该区属洮岷半山区，气候冷凉阴湿，夏季凉爽，产当归产量高，品质佳；适宜种植区即甘肃省当归的主要产区，包括临洮、渭源南部浅山区等温凉湿润浅山区及岷县、漳县和渭源南部山区等高寒阴湿山区；次适宜种植区包括岷县沿洮河河坝区和陇西南部、漳县东部川区等温和湿润河谷山坝区及漳县、岷县、渭源南部海拔高度2500～2600m的高山区等寒凉极湿润高山区；可种植区包括漳县东部及岷县沿洮河海拔高度1900～2000m等温暖湿润川区和漳县、岷县及渭源南部海拔高度2600～2800m等寒凉极湿润高山区，该区

产当归归头小、品质差、药用价值不高；不宜种植区包括定西南部海拔高度<1900m或>2800m的地区，甘肃中部兰州、白银、临夏、甘南等地及定西北部地区，该区气候条件及土壤质地不适宜当归生长，所产当归无药用价值。

（二）生态适宜性及适宜种植区预测

近年来，随着科学技术的发展及多学科的交叉融合，对于当归生态适宜性分布区域及适宜种植区域不再局限于传统的调查及研究，基于GIS具有强大空间分析功能和海量数据管理能力及最大熵模型（Maxent）、自然正交函数（EOF）、模糊物元模型等模型、已被用于当归生态适宜性区域分布及适宜种植区域的预测。

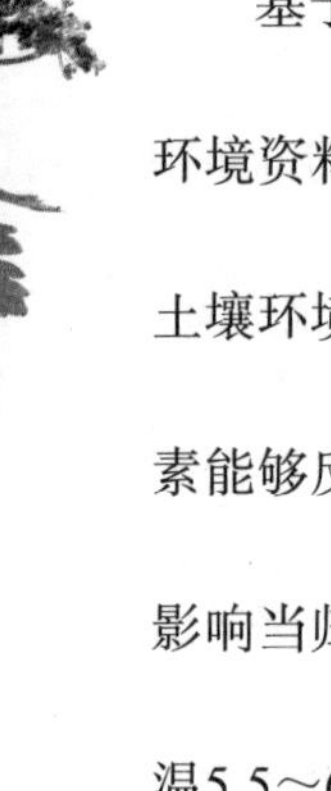

基于当归道地产区岷县及近道地产区宕昌、漳县、武都的气候生态资料及土壤环境资料，采用EOF法分析当归生产区域气候生态条件认为，当归属于气候生态和土壤环境主导型道地药材，年平均气温、4～10月≥0℃积温及4～10月降水量3个因素能够反应栽培地的主要气候生态特征，土壤矿质元素钾、磷、镁、锌和有机质为影响当归栽培的主要环境因子。最适宜当归栽培的主要气候生态因子为：年平均气温5.5～6.5℃，4～10月≥0℃积温2400～2600℃，4～10月降水量530～590mm。最适宜当归栽培的土壤环境因子为：有机质2.0%～3.0%，全钾2.0%～2.5%，全磷0.1%～0.2%，速效钾150～250mg/kg，速效磷30～90mg/kg，镁8000～10 000mg/kg，锌300～1000mg/kg。综合气候生态及土壤环境条件认为，海拔2200～2400m的岷县及其毗邻区域为当归的道地栽培区域。

陈士林等采用中药材产地适宜性分析地理信息系统（TCMGIS）对当归全国生

态适宜性地区进行分析，基于GIS空间分析法得到当归主要生长区域的生态因子范围为：≥10℃积温0～4509.5℃；年平均气温7.1～20.1℃；1月平均气温-14.7～6.4℃；1月最低气温-22.3℃；7月平均气温8.8～22.3℃；7月最高气温26.7℃；年平均相对湿度51.1%～81.9%；年平均日照时数1376～2871h，年平均降水量321～1232mm；土壤类型主要为棕壤、暗棕壤、黑土、黑钙土。当归生态相似度95%～100%的主要区域见表2-1。结合当归生物学特性、自然条件、社会经济条件、药材主产地栽培及采收加工技术认为当归的引种栽培区域以四川、西藏、甘肃、青海及云南一带为宜。

表2-1　当归生态相似度95%～100%主要区域

省（区）	县（市）数	主要县（市、旗）	面积/km²	比例/%
四川	95	木里、石渠、理塘、白玉、阿坝等	254 098.4	52
西藏	54	察隅、墨脱、那曲、昌都、江达等	208 099.2	17
甘肃	69	天祝、夏河、会宁、岷县、宕昌等	141 360.7	33
青海	37	囊谦、玉树、共和、兴海、久治等	115 655.1	16
云南	76	香格里拉、德钦、玉龙、宁蒗、维西等	78 313.4	20
内蒙古	42	四子王旗、商都、武川、察哈尔右翼后旗等	64 097.9	5
陕西	72	凤县、宁陕、太白、周至、吴起等	44 058.8	21
河北	39	围场、丰宁、张北、赤城、康保等	40 880.4	22

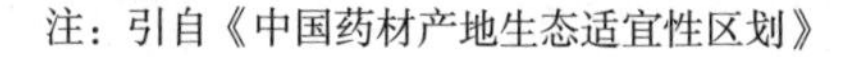
注：引自《中国药材产地生态适宜性区划》

尚忠慧等基于生态因子与阿魏酸含量的模糊物元模型结合ArcGIS软件预测当归生境分布区，划分为不适宜生境、低适宜生境、中适宜生境和高适宜生境。预测结果显示，在我国西部十省，当归的适生区主要集中在甘肃东南部、四川北部、云南西北部

及西藏东南部的高海拔区域。其中，高适宜生境区包括甘肃省临潭、康乐、陇西、漳县、渭源、岷县、临洮等地，云南省德钦、鹤庆、鲁甸、丽江等地，四川省平武、宝兴地区，陕西省陇县、眉县、佛坪地区，宁夏固原及西藏林芝、米林、工布江达等地区；中适宜生境区包括甘肃省卓尼、礼县、舟曲、文县、宕昌等，四川九寨沟、汉源，云南沾益、兰坪、中甸，湖北神农架、恩施、剑川、建始等，陕西镇坪地区，西藏波密、墨脱及青海民和、化隆、乐都、湟中地区；低适宜生境包括重庆酉阳土家苗族自治县级黔江部分地区及贵州赫章、威宁地区。

严辉等在我国当归各主产地实地调查采样及质量分析的基础上，基于ArcGIS空间分析技术，采用最大熵模型预测我国当归适宜性分布区，结果显示：我国当归适宜度较高的分布区集中在甘肃南部、云南西北部、四川北部及西南部的相关县州，此外，新疆、陕西、湖北、贵州、西藏等省部分区域也有较适宜分布区。最佳适宜区的生态因子特征为：海拔2200～2600m；土壤为黑土或黑垆土；5月降水量80～90mm；最暖月最高温在21.5～23.0℃。基于分布预测基础，并耦合回归模型探讨当归药材品质与生态环境的关系，结果显示：甘肃南部、四川东部、云南北部、贵州北部及西藏部分地区的自然环境不仅适宜当归种植，且该区域所产当归挥发油及阿魏酸含量较高。

张东方等基于最大熵模型和地理信息系统研究当归全球生态适宜区及生态特征，结果显示：当归生态适宜区主要集中在北纬20°～50°范围内的北美洲、欧洲及亚洲和南纬15°～35°范围内的南美洲及非洲。其中，生态相似度最高的区域主要分布在

中国甘肃南部、四川、西藏东部、云南北部、贵州及陕西西南部等区域。影响当归地理分布的主要生态因子适宜值范围为：最暖季降水量300～700mm；最冷季平均气温-3～7℃；降水的季节性数值为70～98；土壤碳酸钙含量50%～60%；黏土比重17%～24%。

第3章

当归栽培技术

一、种子种苗繁育

（一）当归种子繁育技术

当归为有性繁殖植物，以种子繁殖，主要采用育苗移栽的方式进行生产，两年生植株种子（火药籽）育苗移栽后早期抽薹现象严重，一般选留3年生当归种子（正药籽）进行育苗。三年生当归花期为7月初～8月底，采用兼性异交繁育系统繁殖，传粉系统为异交（异株，异花）亲和，部分自交亲和，以异交为主，依赖传粉者，人工授粉的最佳时间为开花后第3～4天，柱头维持其可授粉性至开花结束。8月中旬形成瘦果，至9月底种子成熟，该期种子千粒重、含水量均呈“S”变化趋势，以9月上旬采收的种子发芽率最高，可采收直接播种育苗。

1. 植株选择

育苗用的种子选用三年生当归植株上采收的种子，不能使用早期抽薹的和成熟太老的种子，以中熟为好。留种用的种苗来源于上年当归育苗田采挖时边挖边埋入苗床的小苗，在育苗地田间越冬，种苗直径2～3mm，无病虫感染（第二年返青出苗后，农户俗称“毛药”）。

2. 留种田选择

选择背阴缓坡，排水良好，周围环境无污染，人畜不易践踏的地块。种植面积相对集中，土壤肥沃，质地疏松，有机质含量高、气候凉爽、降水均匀的高海拔区域，且留种区域相对固定，无麻口病、根腐病、地下害虫危害的田块。

3. 留种田田间管理

留种田第二年返青后进行正常田间管理。苗高15～20cm时进行间苗、中耕除草及追肥。第二年不采挖，继续在田间越冬。第三年5月上、中旬返青；6月中下旬地上茎开始抽出地面，并迅速伸长，最高达1.5m；7月中下旬开花，8月下旬至9月上旬果实成熟即可采收。6月中下旬抽薹后，每亩用50%多菌灵50g配成1000倍液叶面喷雾，预防当归根腐病，每隔7天喷1次，共喷2次。

4. 种子采收

生长不良、不正常、株型不佳、有病虫害感染的植株不宜采种。图3-1为当归种子未成熟果穗。为保证种子质量，须分期分批采收当归种子，选择晴天上午10时左右露水干后采收成熟种子的果穗。当归种子成熟的标志是果穗下垂，果翅展开，颜色由紫色变为粉白色（图3-2）。果皮青绿带白色的为嫩子，不宜留种，由红色变为褐色为老熟种子，不能做种子使用，不再采收。

图3-1　当归种子未成熟果穗

图3-2　当归成熟果穗

5. 种子风干

采集的果穗每10～15支扎成1把，悬挂在阴凉、干燥、无烟、无污染室内通风干燥2个多月。悬挂时，把与把不能靠得太紧，应有一定间隔，距离应在10～15cm之间。采收时种子遇雨或者带露水时，应在田间晾干果穗水分后再扎把（图3-3）。

6. 种子脱粒

于11月中下旬至12月下旬，选择晴天取下风干果穗至清洁、干燥篷布上晾晒1～2小时，用手工或木梳子脱粒，尽量保持种子完整，剔除杂物（图3-4）。

图3-3　当归种子风干

图3-4　脱粒当归种子

7. 种子贮藏

当归种子宜在低温、干燥环境下贮藏，最适宜温度为-10～5℃之间。当归种子在贮藏期一直保持低温冷藏，种子发芽力可保持多年。但生产上一般常温贮藏，即在通风、阴凉、干燥、无烟的贮藏室内常温贮藏，在第一年12月份至第二年2月份，经过低温春化阶段，春季气温升高后，于6月中下旬播种；若经过7～8月份的高温多雨季节，吸潮后的种子存放到第二年就不能再使用了，所以当归种子只能保存一年。

贮藏期超过一年的种子发芽率低，甚至不发芽，不能作种用。

种子脱粒后，装入用布制成的袋子，每袋装1.5～2kg，然后放置在通风、阴凉、干燥、无烟的贮藏室内种子架上备用。贮藏期间应避免烟熏、强光照射，且要防潮、防虫，要有防鼠设施，避免鼠害。

（二）当归种苗繁育技术

当归育苗有生地育苗、熟地育苗和温室育苗技术。岷县当归育苗一直沿用山地开荒，以生地育苗和轮歇地育苗为主。但开荒生地育苗对植被破坏严重，造成水土流失。为避免荒地育苗对生态环境的破坏，近年来发展的熟地育苗及温室育苗技术得到了推广。

1. 熟地育苗技术

（1）选地整地　育苗地宜选择高海拔区排水利的川坝地或二阴区坡地，要求土层深厚，肥沃疏松，以富含腐殖质的沙壤土、黑土为好。五月下旬左右除尽杂草，施30 000kg/hm^{2}以上的腐熟农家肥或375～450kg/hm^{2}磷酸二铵和300kg/hm^{2}左右硫酸钾后进行土壤翻耕。播种前浇耕一次，并将50%左右4500～6000g/hm^{2}多菌灵粉剂和5%左右辛硫磷颗粒30kg左右与细土拌匀，撒施地表用于土壤消毒，再浅耕耙耱一次使肥料和土混合均匀，即可作畦，四周开好排水沟以利排水（图3-5）。

图3-5　当归育苗地整地

（2）种子处理　有微喷条件的育苗地，播种前3～4天将当归种子用20～30℃温水浸泡12小时，待种子充分吸水后滤去多余的水分，置透气容器中室温下覆盖保湿，每天清水淋洗后翻动一次，使温湿度均一，少数种子露白时即可播种，播种时拌少量草木灰（以种子互不粘连为度）便于均匀撒播。靠天然降水的育苗地，为防止土传病害，播种前一天种子用50%的多菌灵可湿性粉剂3～5g/kg或根灵粉剂2～3g/kg拌种，闷种一夜后播种。

（3）播种　一般6月中下旬播种，幼苗苗龄控制在110天左右，百苗重不超过80g。由于海拔高度不同，播种时间有迟有早，高海拔寒冷区适期早播，低海拔区适当晚播，但均应控制种苗大小。种子发芽率良好（>70%）情况下，一般播种量以60～75kg/hm^{2}左右为宜，土壤干旱及杂草较多的育苗地可适当加大播种量，土壤墒情好、出苗有保障的育苗地可适当降低播种量。播种量不宜太少或太多，太少易形成过大苗和分叉苗，移栽后易早期抽薹；太大，苗小、苗弱，移栽后成活率低。

当归育苗一般采用撒播。播种前用50%左右4500～6000g/hm^{2}多菌灵粉剂或40%辛硫磷乳油3000g/hm^{2}或15%毒死蜱颗粒30kg/hm^{2}左右加细土1500kg拌匀，均匀撒在地表，用铁耙在畦面浅锄一次，将毒土拉匀为度，再用木耙平拉畦面使保持平整。将浸种处理或药剂拌种后的种子均匀撒播在畦面，用2mm×2mm铁网筛将细碎湿土筛在种子上，覆土0.3cm左右，以不见浮籽为度（图3-6）。

（4）苗床管理　播种完成后立即均匀覆盖约3～5cm厚的小麦秸秆或其他禾本科作物秸秆，用草量一般为9000kg/hm^{2}左右，覆盖量约0.8～1.0kg/m^2（以干重计），有

图3-6　当归育苗地播种

图3-7　当归育苗地覆草

图3-8　当归育苗地除草

条件地区可进行短期喷水保湿以促进种子萌发、出苗齐及保持苗壮。也可用50%～70%的遮阳网遮阴，遮阳网高度保持高于地面30cm以上，以利于通风透气及防止当归苗叶片钻入遮阳网（图3-7）。

苗高1～2cm，苗出齐杂草长出时开始第一次除草，小木棍挑开覆草用手直接拔除杂草，边拔除杂草边覆盖揭去的草。7月中旬进行第二次除草，除草方法同第一次，对较大的杂草可直接掐断植株，同时，对幼苗生长太过稠密的地段进行间苗，最小苗间距1cm左右。8月上旬，当归苗高4～6cm，第四片真叶长出，进行第三次除草，并选择阴天弱光时揭去覆草，此后视杂草生长情况进行除草（图3-8）。

（5）遮阴　低半山区和川台地揭草后搭遮阳网棚进行遮阴，棚架高50cm左右，遮阳网密度为50%，若遮阴期间遇到较长时期的阴雨天，则应及时揭开遮阴棚，否则会因光照太弱而生长缓慢，苗子发黄，形成弱苗，或者土壤湿度大，导致根腐病发生。

（6）病虫害防治　当归苗出齐后用40%辛硫磷乳油或者80%敌敌畏乳油1000～1500倍液叶面喷施，预防蚜虫、跳甲、地老虎等虫害。7月下旬至8月下旬，用15%灌根用阿维毒乳油100～200倍液与30%琥胶肥酸铜500倍液等份混合后，叶面喷施，可有效防治根腐病（图3-9）。

（7）追肥　苗子生长后期根据生长情况，在苗床喷施尿素、磷酸二氢钾各5g/kg混合水溶液，或在下雨前撒播，进行追肥。

（8）起苗　准备好三齿耙（齿长25cm左右）、背篓或编织袋、塑料绳（市售细绳或者塑料片绳）及农用车、马车等起苗及运输的工具。于播种当年9月下旬至10月上旬，气温降至5℃左右时开始起苗。用三齿耙垂直挖进土层20cm左右，摇动三齿耙，挖松耕层，手工拣出种苗（图3-10）。

图3-9　当归育苗地病虫害防治

图3-10　当归种苗采挖

（9）选苗　在挖苗过程中将不合格的过小苗、过大苗、侧根过多的苗、病苗、虫伤及机械伤苗除去。

（10）捆苗　苗子挖出拣选后，手工揪掉幼苗上的叶片，留下1cm长的叶柄，根部适量带土捏成块（苗土比例约1∶1），约100苗捆成一把（图3-11，图3-12）。

（11）晾苗　就地选阴凉处，将苗把一把靠一把斜摆在一块，苗把头部外露，使水分散失，太阳光线强时，用揪下的当归苗叶片覆盖苗把。收工时将捆好的种苗分层装在背篓或编织袋内运回家或合作社。

（12）贮苗　贮苗场所：在室外靠南的墙根或阴凉、地势干燥、不积水处搭建简易棚或种苗贮藏库，要求通风条件良好、避雨、遮阳，防止鼠害及积水。

堆码：在简易棚或种苗贮藏库内地面铺一层细生土，将苗把苗头朝外尾朝里一层苗一层土（土层厚度5cm左右，填满苗把间空隙）码成垛（高1m左右），放20天左右，使苗把适当失水，减弱种苗呼吸强度。11月上中旬，用砖块或土块将苗垛四周

图3-11　当归种苗扎把

图3-12　扎把当归种苗

图3-13　当归种苗堆码

（距苗垛约10cm）垒起，中间用湿润细生土填实，苗堆顶部覆盖湿润生土30cm左右，在地面结冰时，苗堆表面用棚膜覆盖，防止表面水分蒸发，苗把失水（图3-13）。

图3-14　当归种苗窖藏

窖藏：简易棚或者室外干燥，在地势高、阴凉通风处搭建简易棚或者建设种苗贮藏库，在库内挖深1m左右长方形坑，坑的长宽视苗把多少而定，在窖底铺一层半干生土，然后用生土和种苗交替分层堆放，土层厚3cm左右。堆放到距窖顶约20cm时，在顶部盖土至窖顶。窖口处留一直径10cm通气口，用2～3cm厚薄土覆盖。窖藏期约150天（图3-14）。

2. 温室育苗技术

（1）园址选择　温室宜建在地势平坦、风向背阳、距离生产田较近的地方，要求该地区海拔2000～2300m、年均气温5～10℃、冬春季较干旱、日光充足，温室周围无高大建筑、林木或山峰遮挡，交通便利，水电正常。

（2）温室结构及性能　育苗温室为二代节能日光温室，采用钢拱架砖混墙结构，以宽7m、长40～50m为佳。温室方位正南偏西5°～7°，前屋面基角60°～65°，主采光面仰角22°～25°，后坡仰角37°～38°；温室内耕作区无立柱；棚膜要求无滴膜，采光效率高；保温材料选用保温性能好的草帘或保温被；最冷月温室内气温不低于12℃，地温不低于10℃。

（3）床土准备　苗床育苗：10月中下旬翻耕土地，将腐熟农家肥75 000kg/km^2、磷酸二铵300kg/km^2、尿素150kg/km^2、硫酸钾225kg/km^{2}与毒土（80%多菌灵4500g/km^2，40%辛硫磷乳油4500ml/km^{2}与150kg细土拌匀）均匀撒施地表，深耕25cm以上，做到精细耙磨、土绵肥足、消灭土壤地下害虫及病菌。

穴盘育苗：播种前配制培养土（要求结构疏松、营养全面），并填装育苗盘。培养土基质以蛭石、泥炭土、干净田土打碎过筛后按体积2∶5∶3比例配制为佳，且每150kg培养土再加腐熟过筛（孔径1mm）的油渣粉2.5kg、50%多菌灵可湿性粉剂80g充分拌匀。

（4）作畦或装盘　苗床作畦：平整好的地南北向做成畦宽1.2m、长6m左右的苗床，畦面耕作层用铁耙浅耙一遍，打碎土块，清除前茬残留根茎，将畦面整平。

填装穴盘：采用标准32孔育苗盘，长55cm、宽28cm、高12cm，方口，播种穴顶边长6.5cm、底边长2.5cm。将穴盘横向双排整齐摆放在苗床上，均匀填装培养土，轻轻压实，使基质表面低于口沿约0.5cm，穴盘四周用细土封闭。

平畦或穴盘苗床间用砖头或土垄隔开，宽约40cm，作为走道。

（5）播期　11月下旬至12月上中旬播种，穴盘育苗以11月下旬早播为好，平畦育苗以12月上中旬晚播为好。

（6）种子处理　选用当年采收的侧穗种子、主穗种子或“火药子”，播前一天按照每1kg种子用25%多菌灵可湿性粉剂5～10g均匀药剂拌种，闷种一夜后播种。

（7）播种　平畦育苗采用撒播法，穴盘育苗采用点播法，做到均匀播种。撒播播种量约为75kg/km^2，点播法每穴点播5～8粒种子。播后用2mm×2mm铁筛将森林土或蛭石与森林土配成的营养土均匀筛覆于床面，厚度约2mm，刚好遮盖种子为宜。

（8）幼苗管理　水分管理：播种结束后及时喷水，保持床面土壤湿润。喷水后用白色农用地膜覆盖畦面，以保水保温，使出苗整齐。一般出苗前再无需喷水。

日照管理：播后15～20天出苗，80%以上出苗后选择多云天气上午10时左右揭去地膜，视土壤墒情及时喷水。若采用无滴棚膜温室，因棚膜内壁较少形成水滴、透光性能好、棚内光照较强，需在苗床20cm以上覆盖50%遮阳网，待苗高5～8cm以上揭去遮阳网；若采用普通棚膜温室，因棚膜内壁形成一层小水滴减弱了透光性，可不覆盖遮阳网。

温度调控：育苗前温室需及时覆盖草帘，以提高温室地温。育苗后，上午8时左右，视天气情况，应及时揭起草帘接受阳光，以提高室温；10时左右室温达25℃以上时需及时打开风口，以降低温湿度、避免病害发生；中午室温宜保持在25～28℃，温度过高时加大通风或采用微喷灌喷水降低温度，以免高温烧苗；下午4时后及时关闭风口，以利保温；下午5时左右及时放下草帘；夜间气温宜保持在6℃以上。1月中下旬夜间温度较低时在草帘外覆盖一层棚膜可提高室温2～3℃；天阴时及时在草帘外覆盖棚膜。一方面可使降雪后扫雪方便，另一方面可防止积雪融化使草帘吸水结冰后降低保温效果。

除草间苗：当归苗出齐后视杂草生长情况及时拔除杂草。每次除草后需及时喷水，以防因除草使当归苗根系与土壤接触不紧密出现死苗现象。穴盘育苗需在苗高约5cm，即3～4片真叶期间苗，每穴选留健壮2～3苗；平畦育苗一般不间苗。

病虫害防治：真叶展开后可选用50%多菌灵800倍液、65%代森锌600倍液、甲基硫菌灵1000倍液等交替进行苗床喷雾，每10～15天一次，以预防菌核病、根腐病等。视需要选用40%辛硫磷1000倍液、90%敌百虫800倍液等喷雾防治温室苗床虫害。

炼苗：3月下旬开始炼苗至4月上旬，白天揭开后屋面顶部通风口不再关闭，必要时揭开温室前坡棚膜（夜晚关闭），风口由小到大，逐步加大通风量，保持白天气温在25℃以下，以提高当归苗抗逆性。4月中旬揭去棚膜后用50%遮阳网扣棚，使室内温度与室外温度保持一致，以抑制当归苗地上部分徒长，提高当归苗根部适应性。炼苗至4月底至5月初即可移栽。

（9）挖苗选苗　4月下旬至5月上旬移栽前采挖当归苗。苗床苗采用四齿爪或三齿爪轻轻挖松土块，握紧当归苗叶部轻轻拔出，抖去泥土，选取生长正常、无病斑、无损伤、表面光滑、分叉少的种苗，苗头朝外装入纸箱并覆盖湿土保鲜，运往大田移栽。穴盘苗可带苗搬运至大田，边起苗边移栽。

二、栽培技术

（一）甘肃产区当归栽培技术

1. 选择茬口、整地

当归栽培地以麦类、油菜作物为前茬最好，豆类和马铃薯等作物次之，不宜在前茬为根类药材的地块种植，轮作周期要求三年以上（忌重茬、连茬、迎茬种植）。前作收后及时深耕灭茬，夏茬地深伏耕可消灭农田病虫草害，进一步熟化土壤培肥地力，秋茬地随收随耕，耕后立土晒垡，耙耱镇压，蓄水保墒。精细整地，抢墒覆膜，做到地平、土绵、墒饱、肥足，有条件的地块可灌足冬水，增加土壤墒情（图3-15）。

图3-15　当归田耱地

2. 施基肥

以有机肥为主，化学肥料为辅，亩施腐熟农家肥3000kg以上，农家肥不足的地块，亩施腐熟油渣100kg或者炒熟的油菜籽15～20kg，配施磷酸二铵或三元复合肥30kg左右，也可施用当归专用肥，每亩40～50kg左右。农家肥及配方施用的化学肥料在翻地前均匀撒于地表，随翻地埋入耕作层土壤中。

3. 种苗选择及处理

一般选用直径2～5mm，生长均匀健壮、无病无伤、分叉少、表面光滑、百苗重80～110g的优质小苗备用（苗龄90～110天）。直径过细（<2mm）或过大（>6mm）的种苗慎用。栽种前用40%甲基异硫磷和40%多菌灵各250g兑水10～15kg配成药液，种苗用药剂浸蘸10小时左右后移栽，以预防病虫害及麻口病。

4. 移栽时期、密度

栽植时间以4月上旬～4月中旬，清明至谷雨前后种苗未发芽前栽植为宜。栽植密度一般为9万～9.9万株/hm^2。

5. 移栽技术

露地平栽：适用于气温高，降水少的地区。平栽分穴栽和沟栽，穴栽按穴距25cm×40cm，深10～15cm左右（以将药苗能伸展放好为准），直径10～12cm挖穴，每穴放苗2株（大小苗搭配，早薹盛期过后定苗，每穴留健苗1株），然后填土压实，苗头覆土2～3cm；沟栽按沟距40cm，深10～15cm左右开沟，按13cm株距大小苗相间摆入苗子（早薹盛期过后每两苗间一株，间苗后株距为25cm左右），或按25cm株距同时摆放苗2株（大小苗搭配，早薹盛期过后定苗，每处留苗1株），然后填土、压实、覆土（图3-16）。

图3-16 当归种苗移栽

地膜覆盖穴植栽培：适用于气温

低、降水多的地区，是目前甘肃产区普遍使用的一种移栽技术。地膜分黑色和白色两种，前者可有效防止杂草，且吸热蓄水作用强；后者透光性好，适宜用在草害少、降水充沛的地区。岷县西部、南部地区草多地多，普遍采用宽膜低垄覆盖技术，即按照垄面宽80～110cm覆盖农用黑色除草地膜，垄间距30cm，平垄，每垄栽4～5行，行距25cm，株距27～30cm，一般亩保苗8000穴以上，每穴栽2株，大小苗搭配，两苗距离1～2cm，苗子分开直放穴内，填土、压实、覆土5cm左右。岷县北部、漳县等地采用窄膜高垄技术，栽植前施肥深耕后马上进行起垄覆膜，垄高15～20cm，垄面宽50～55cm，垄沟距25～30cm，要求垄面“平、直、实、光”，覆盖70～75cm幅宽，地膜铺膜要求“紧、展、严”，并在膜面上每隔3～5m压一条土带，防止大风和杂草揭膜，每垄栽植2行，宽行距45～50cm，窄行距30～35cm，株距21～27cm，采用三角形栽植，每穴栽2株（大小苗搭配，到早薹盛期过后定苗，每穴留苗1株）。渭源、临洮等地区常采用膜侧栽培，该技术利用膜面集水作用将降水集中到垄面两侧，可增加土壤湿度，更适用于降水较少的地区。膜侧栽培用40cm幅宽地膜覆盖，起半圆形垄后覆盖地膜，垄沟距30～35cm，移栽时垄沟内、地膜外侧种植，每垄种植两行，株距21～27cm。此外，种苗移栽时为防抽薹保全苗，应采用密植稀定移栽技术，每穴移栽2株种苗，双苗分开定植，边覆土边压紧，覆土至半穴时，将种苗轻轻向上一提，使根系舒展，然后盖土至满穴，覆盖细土没过种苗头部2cm左右即可，然后地膜开口用细湿土压严。移栽深度要适宜，太浅表土墒情差，幼苗扎根浅易烧苗；太深则种苗顶土困难，消耗养分多，影响生长发育（图3-17）。

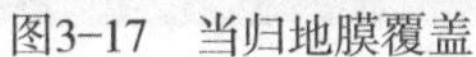

图3-17　当归地膜覆盖

图3-18　当归大田除草

6. 查苗补苗、中耕除草

当归一般移栽后20～30天出苗，苗出齐后及时查苗补苗，以防缺苗引起减产。出苗后有些植株叶片会偏离移栽开口，压在膜下，需及时辅助放苗；发现地膜破损处应及时用细湿土封严，适时拔除垄沟及膜下杂草，避免杂草将地膜顶起。苗高5cm时，结合田间除草，及时拔除病苗，定苗至适宜密度。于6月中旬及7月中下旬分别进行第二次和第三次除草，6月中下旬进入早薹盛期，要及时拔除早薹，以免浪费水肥，影响正常生长，拔除抽薹株时，应一手压住正常健壮植株，用另一手拔，以免将健壮株带出（图3-18）。

7. 追肥

6月下旬至8月下旬，对于基肥施用不足的地块进行追肥，每亩用磷酸二氢钾0.5kg兑水45kg叶面喷施或者结合灌根防病将肥料溶化在药液内，用追肥枪在根际进行追肥。

8. 病虫害防治

当归常见病害为麻口病和根腐病。麻口病发病症状为初侵染病斑多见于土表以下的叶柄基部，产生红褐色斑痕或条斑状，与健康组织分界明显，纵切根部，局部可以见褐色糠腐状，随着归根的增粗和病情的发展，根表皮呈现褐色纵裂纹，裂纹深1～2mm，根毛增多和畸化；严重发病时，归头部整个皮层组织呈褐色糠腐干烂；轻病株地上部无明显症状，重病株则表现矮化，叶细小而皱缩（图3-19）。根腐病发病症状为初为水渍状褐色烂斑，后期整个根部呈锈黄色腐烂，地上部萎蔫枯死（图3-20，图3-21）。此外，还有当归褐斑病（图3-22）、当归白粉病（图3-23）、当归叶片日灼病以及地下害虫等病虫害。防治措施主要包括农业防治、化学防治等（图3-24，图3-25）。

图3-19　当归麻口（腐烂茎线虫）病

图3-20　当归根腐病植株

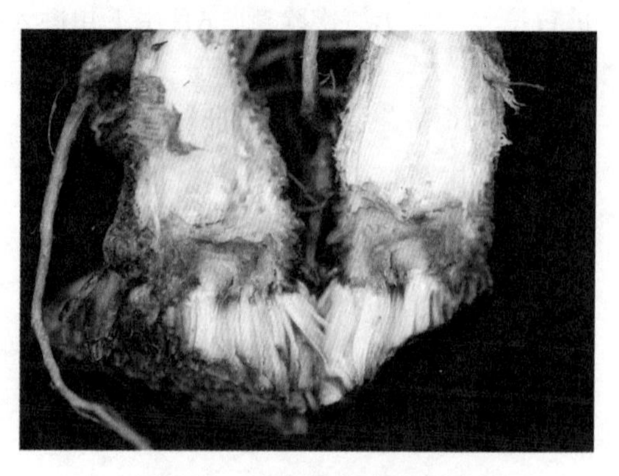

图3-21　当归根腐病根部剖面

图3-22　当归褐斑病

图3-23　当归白粉病

图3-24　当归大田灌根

图3-25　当归杀虫农药灌根

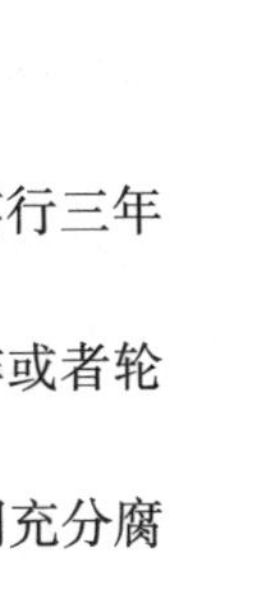

（1）麻口病防治措施　农业防治：与麦类、豆类、胡麻、油菜等作物实行三年以上轮作，勿与马铃薯、黄芪、蚕豆、苜蓿、红豆草等植物轮作；不能轮作或者轮作年限不足的，必须深翻土壤30cm左右，达到解毒、防病、除虫作用；使用充分腐熟的有机肥；收获后，要彻底清除烂根及病残体和酸模等杂草。

土壤处理：地下病虫害严重的地块，播前结合整地用高效低毒低残留农药进行土壤消毒，把病虫害造成的损失降到最低限度。每亩施辛硫磷1kg+多菌灵1kg，兑细沙或细土50kg，均匀施于芦头顶端效果较好。

药剂防治：用杀菌剂灌根，每亩用40%多菌灵胶悬剂250g或托布津600g加水350kg，每株灌稀释液50g，5月上旬和6月中旬各灌1次。

（2）根腐病防治措施　农业防治：选择地势高、排水良好的土壤栽种，做到雨过田干；避免连作，轮作防病，轮作非寄主作物如玉米、烟草等；轮作年限越长，病害越轻；老病区应采用3～5年以上的轮作制。

药剂防治：选用无病健种或用50%多菌灵1000倍液浸5～10分钟，晾干后播种；或用1：1：150波尔多液浸根苗10～15分钟消毒或用农抗120、402抗菌剂浸种苗10分钟，晾干后再移栽。发病初期可用40%根腐宁、70%药材病菌灵药剂配成500～800倍液，每株灌根0.5kg。

（3）褐斑病防治措施　常于6～8月高温多雨的季节发病。发病初期叶面出现褐色斑点，病斑逐渐扩大，外围出现褪绿晕圈；病情严重时，叶片大部分呈红褐色，最后逐渐枯萎死亡。一般亩用多菌灵15～20g或者代森锰锌、甲基托布津等15～20g交替进行叶面喷雾防治。

（4）当归白粉病防治措施　发病初期喷施50%甲基硫菌灵·硫磺悬浮剂800倍液、20%粉锈宁乳油2000倍液、12.5%速保利可湿性粉剂2500倍液、45%特克多悬浮剂1000倍液、40%氟硅唑（福星）乳油4000倍液。

（5）当归叶片日灼病防治措施　常于6～8月份降水增加，叶片生长量加快，雨后暴晴、又遇高温、叶片蒸腾量大、遇强光照时发病，表现为顶叶（嫩叶）叶片叶脉间失绿、发黄，叶片边缘呈浅褐色焦枯并内卷曲，最后干枯，严重影响叶片光合作用，造成减产。一般亩用苯醚甲环唑4g、多·福·溴菌腈可湿性粉剂20g及多菌灵15～20g或者代森锰锌、甲基托布津等交替进行叶面喷雾防治。

图3-26　当归叶片害虫

（6）虫害防治　当归虫害在结合移栽期蘸根预防、毒土预防、成株期灌根防治的基础上，对于虫口密度大的地块，可采取以下措施进行防治，并对叶片害虫（图3-26）、根际蚜虫（图3-27）等也有较好防效。

图3-27　当归虫害—蚜虫

小地老虎：以幼虫危害，昼伏夜出，咬断根茎，造成缺苗。一般5月上旬当归出苗后，用40%辛硫磷乳油或者80%敌敌畏乳油制成1000～1500倍液，在幼苗或幼苗根际处喷施（图3-28）。

图3-28　当归虫害—地老虎

金针虫：幼虫咬食根部，使幼苗和植株黄萎死亡，造成缺苗、断垄。一般在当归出苗后，用0.5kg废弃当归种子或者小麦麸用杀虫剂（40%辛硫磷乳油、

80%敌敌畏乳油）150ml拌匀，或以油菜饼作饵料制成毒饵，于傍晚在害虫活动区撒施诱杀（图3-29）。

蛴螬：是金龟子的幼虫。成虫趋光性强，交尾前昼伏夜出，交尾后白天取食，夜间飞翔。幼虫肥大，幼虫期历经4年，第一年食量大，咬食根系，钻蛀茎基，是危害最严重的时期。结合深翻土地，清除杂草，人工消灭越冬幼虫，减少虫口密度，施用腐熟的农家肥，减少成虫产卵量。土壤处理，每亩用40%辛硫磷乳油600ml拌100kg细砂土撒施后翻地。蛴螬危害前期用40%辛硫磷乳油或者80%敌敌畏乳油配成1000～1500倍液灌根。或利用成虫的趋光性，在田间适宜的地方安装黑光灯或者太阳能紫光灯进行诱杀（图3-30）。

1 幼虫　　2 成虫

图3-29　当归虫害—金针虫

图3-30　当归虫害—蛴螬

9. 适期收获

于10月下旬霜降过后，地上部茎叶变枯黄时进行采挖。采挖时要进行分等，采挖的鲜当归要防止冻害，同时要拣净残存废膜，防止污染土壤，为下茬作物的丰产打好基础。

（二）云南省当归栽培技术

1. 马厂当归直播栽培技术

（1）选地整地　选址前茬为豌豆、黑麦、马铃薯的地块，忌连作。前作收获后清除杂草，施入腐熟农家肥2000～2500千克/亩及复合肥40千克/亩，埋沟盖墒。

（2）播种　选择籽粒饱满、无霉烂的紫茎当归种子，于7月撒播。将当归种子、蔓菁种子、细土按1：1：8的比例混匀（当归种子和蔓菁种子各2kg/亩），均匀撒施于墒面，然后加盖0.5～1cm细土，以盖住种子为度，再用扫帚轻拍，使种子与土壤紧贴。

（3）除草松土　蔓菁7～8天出苗，当归15天左右出苗。当归出苗后间去过密蔓菁苗，拔除田间杂草，幼苗期及立秋后锄草均不宜深锄。

（4）间苗、追肥、培土　当地当归种植以直播为主，10月底收获蔓菁。当归苗高8cm左右在根部施2000千克/亩有机肥，并培土起到保温、保湿作用，使其安全过冬。第二年3月气温回升，当归开始生长。4～5月，苗高20～25cm时间去过密当归苗，拔除杂草，每平方米留10株左右，追施硝酸铵20千克/亩，培土。

（5）拔薹、排水　7月以后，有的当归开始抽薹，根部木化，失去药用价值，需及时拔除。雨水过多应注意开沟排水，生长后期田间积水会引起根腐病。

（6）病虫害防治　种植区病害主要为根腐病，主要症状表现为植株根尖和幼根呈水渍状，随后变黄脱落，主根呈锈黄色腐烂。发病初期拔除病株，用石灰消毒病穴或用50%多菌灵500倍液灌病区，以防蔓延。该区虫害发生率低。

（7）适时收获、留种　10月下旬，植株枯萎、根部营养器官成熟，即可采挖。选出上等全归于11月集中栽植于留种田，第二年7月开花，9月种子成熟，作为当年当归种子使用。

2. 云南一年生当归栽培技术

近年，在云南曲靖市推广当归一年生栽培技术，缩短了当归种植周期。一年生当归即当年完成育苗、移栽和收获得当归。其育苗播种时间为1月中下旬，苗龄为70～80天时揭去覆盖物炼苗，7天后可移植于营养袋中，其他育苗技术同温室育苗。

（1）培育袋苗　营养袋基质为沙壤土、草木灰和腐殖土按体积比2∶1∶1的比例混合而成，并加入0.5%的复合肥（N_{15}–P_{15}–K_{15}）。装袋后营养袋摆放在宽1.2m、长10m左右的墒面。用竹片或铲子等工具带土取苗，每营养袋定植1株带土壮苗，浇透水。在营养袋墒面架设拱棚，覆盖薄膜和遮光率为70%～80%遮阳网或树枝。营养袋中基质保持湿润，拱棚内温度＜28℃。移植后发现死苗、病苗需及时补苗。4月底，掀开拱棚两端通风口，炼苗10天后逐步揭去拱棚薄膜及遮阳网，再在自然条件下炼苗15天，即可进行大田移栽。

（2）选地整地　3～4月选择排水通畅、土层深厚、土质疏松、肥沃的沙壤土地块，深翻30cm以上，晒至5月初，拣出杂草，耙细。地表均匀撒施腐熟的农家肥（30 000～45 000kg /hm^2）和复合肥（600kg/hm^2），深翻，整平土地。墒面宽1.2m、高20cm、沟宽30cm埋墒。

（3）移栽　5月下旬至6月上旬，根据灌溉条件或降雨情况进行移栽。移栽时按株行距25cm×25cm打塘，从营养袋中取出带土种苗，放入塘中，覆土，浇透水，每塘移栽1株健康袋苗。

（4）田间管理及收获　田间管理及病虫害防治同三年生当归栽培技术。与当年11月中旬采收。

（三）湖北窑归栽培技术

湖北恩施市红土乡石窑生产的当归（俗称窑归）采用一年生栽培方式，即当年早春播种，冬前收获。

（1）选地整地　选址土层深厚、疏松肥沃、排水良好、富含腐殖质的荒地或休闲地，以玉米茬且冬闲田、阳坡为佳，忌连作，土壤以夹砂质的高山棕壤、山地黄宗壤为佳。冬前或前茬收后深翻25cm以上。直播前再次深翻25cm以上，并结合深翻施入基肥（每亩腐熟农家肥2500～3000kg+复合肥100kg），翻后耙细，整平地块，顺坡作畦宽1.2m、畦高20cm左右、沟宽30cm、畦面呈瓦背状高畦，四周开好排水沟。

（2）播种　3月中旬至下旬，将所选种子放入30℃温水中浸种24小时，取出晾干后备播。播种方法有直播和穴播。穴距27cm，呈品字排列，深3～5cm，穴底需平，每穴播种10粒，稍压紧，覆土1～2cm，最后搂平畦面，盖3cm厚青松针。苗出齐后选择阴天挑去松针。

（3）间苗定苗、除草追肥　播种20天后陆续出苗，若有缺苗，应于阴天或傍晚带土补栽，最后每穴留2株，栽后及时灌水。从出苗到封畦及时除草3～4次。在6月下旬叶生长期及8月上旬根增长期使用磷酸二氢钾、磷酸二铵和硫基氮磷钾复合肥追肥。

（4）灌水、打老叶、培土　窑归生长需要较湿润的土壤环境，天旱时需进行适量灌溉，雨水过多时需开沟排水。封畦后下部老叶因光照不足而发黄，需及时摘除。生长中后期根系生长迅速，培土可促进归身发育，有助于提高产量和质量。

（5）拔薹及病虫害防治　窑归拔薹及病虫害防治技术同甘肃产区。

（6）适时收获　当年11月上、中旬适时采收窑归。

（四）西藏当归栽培技术

（1）选地整地　西藏东南部地区均可栽培当归。一般在秋冬整地，深翻25～30cm，捡净草根、石块。早春将栽培地整平，视田块地形作床。

（2）播种、育苗　播种前用1%～15%甲醛溶液浸泡种子30分钟，清水冲洗，再用25～30℃温水浸泡24小时，阴干备用。大田直播在4月中旬至5月上旬进行，采用穴播，株距5cm，行距20cm；育苗移栽播种在3月中旬，采用撒播，播后覆土1cm左右，压实浇足水，覆盖地膜，待苗长出第二片真叶后可移栽大田。

（3）定苗、移栽　大田直播当归当幼苗长出第二片真叶时进行定苗，每穴留1～2株健壮苗，发现缺苗及时补栽。育苗移栽需将当归苗从苗床挖出，按行距20cm、株距5cm移栽，移栽后浇足水。

（4）中耕除草、追肥　定苗或移栽后，7～10天幼苗返青，长出新叶后及时松土除草。除草后2～3天杂草全部死亡后浇水并追施有机肥。

（5）病虫害防治　西藏产区当归病害主要有根腐病和白粉病，虫害有地老虎、蛴螬及黄凤蝶等，其防治方法与甘肃产区相同。

（6）适时收获　西藏产当归于移栽当年10月或第二年10月采收。

三、采收与产地加工技术

（一）采收技术

当归在栽种后当年10月下旬至11月上旬均可采收，其最佳采收期为11月上旬，采收应在晴天或多云天气情况下进行。在当归采挖的前5～7天，割去地上茎叶，并将茎叶集中堆放和处理（图3-31）。

当归采挖前一天除去地膜、田间杂草及其他异物，并将杂草及杂物分类堆放、处理。采挖时从田块的一边起，用三齿耙专用工具在当归后侧深挖30cm，使带土的当归植株全部露出土面，然后轻轻抖去泥土，不得伤到当归块根，保证块根全数挖出，个体完好无缺。挖出后抖去大部分泥土，根部仍带有少量泥土，晾晒2～3小时后，用木条（长30cm左右、宽10cm左右、厚5cm左右）轻轻敲打当归头部数次，抖去泥土，理顺根条，5～10株一堆，就地晾晒，并拣出腐烂植株及菜头（图3-32）。

将堆放的当归按头尾交叉的方法轻轻装于背篓或者编织袋中，防止根条折坏。将装好当归的包装袋或者筐运回晾晒、熏制等加工条件符合要求的加工户家中或者

图3-31 当归割秧

图3-32 当归采挖

合作社仓库堆码，使其自然失水。待天晴时，在院内篷布上摊开晾晒，根条失水后，再次用木条敲打，抖净泥土，理顺根条，进行初加工。

（二）产地初加工

1. 当归不同商品加工

堆垛放置的当归20天后部分水分已散失，开始萎蔫并变柔软，归头直径大于3cm、长度大于6cm的当归削去侧根及主根，尾部加工成当归头，并用铁丝串成串，用撞擦方法撞去表面浮皮，露出粉白肉色为度；归头较大但头部较短无法加工成当归头的削去小的侧根，保留大的侧根并打掉根尖，加工成箱归；比较小的当归可7～8株捆成1把，加工成当归把子；加工当归头时被削下的侧根按大小加工成当归股节。

2. 干燥

（1）晒干　将当归药材摊开晾晒，晒干后，要凉透才可以包装，否则会因内部温度高而发酵，或因部分水分未散尽而造成局部水分过多而发霉等。在室外晒时，晚上要防冻，必要时用塑料布覆盖或晚上拿到室内以免受冻而影响当归的质量（图3-33）。

图3-33　当归晾晒

（2）阴干　将当归药材放置或悬挂在通风的室内或荫棚下，避免阳光直射，使水分在空气中的自然蒸发，直至药材干燥。

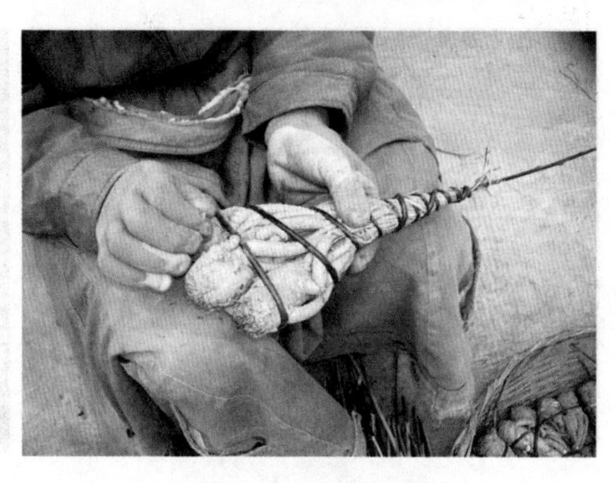
图3-34　当归扎把

（3）烘干　将经晾晒、扎把（图3-34）的当归架于棚顶上，先以湿木材猛火烘上色（一般温度以40～50℃为宜），经过翻棚，使色泽均匀，全部达七八成干时，停火，自然干燥。

3. 切片

灭菌、熏干：将精选当归放入灭菌室，通入二氧化硫气体进行灭菌、熏干操作40小时，温度保持在15～25℃（图3-35）。

脱硫、压片：将灭菌后的当归放入用碳酸钠调pH值为8的水溶液中浸泡1～2分钟，温度为8～30℃，取出冲洗后装入无菌袋回潮3～5小时，再在无菌条件下压制成统一厚度的片状（图3-36至图3-38）。

切片包装：经压制的当归在无菌条件下先进行刨皮，取掉归皮，喷加定香防腐

图3-35　当归熏干

图3-36　当归切片

图3-37　当归药材

图3-38　当归佛手片

剂，然后切片。在无菌条件下将切好的当归片进行装盒，每装一层喷一次定香防腐剂，最后氮气封装。

（三）规格等级划分

国内销当归分为全归、归头两种规格。出口外销当归分为通底归和箱归两种规格，箱归又分为特等箱归和普通箱归。

1. 全归

除去根部细须根，抖净泥土，边晒边捏边理顺，晒至半干时用木板压一夜，继续晒至全干。①一等（图3–39）：每千克40支以内，根稍粗≥0.2cm；②二等（图3–40）：每千克70支以内，根稍粗≥0.2cm；③三等（图3–41）：每千克110支以内，根稍粗≥0.2cm；④四等：每千克110支以外，根稍粗≥0.2cm；⑤五等：不符合以上分等的小货。超过一等的为当归王（图3–42）。

2. 归头

晒至七八成干时掰净归膀、须根、岔枝，继续晒干，分等撞去粗皮。①一等（图3–43）：每千克40支以内；②二等（图3–44）：每千克80支以内；③三等（图3–

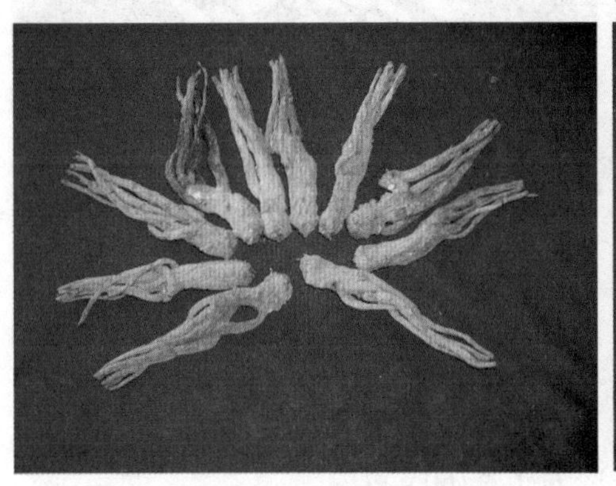

图3–39　一等当归

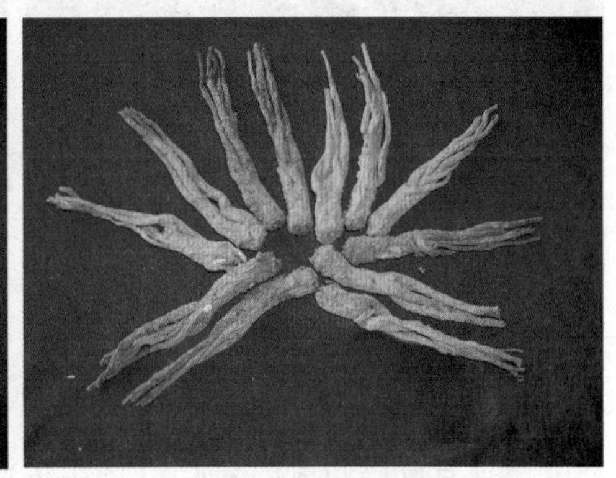

图3–40　二等当归

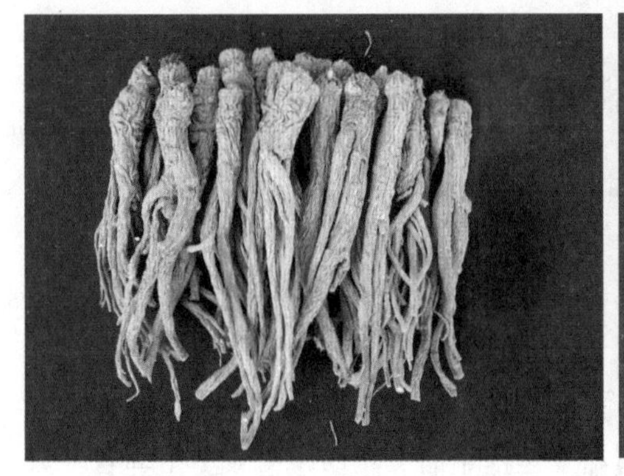

图3–41　三等当归

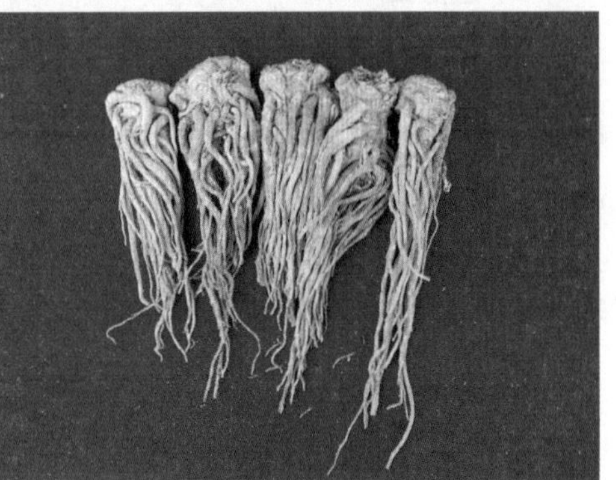

图3–42　当归王

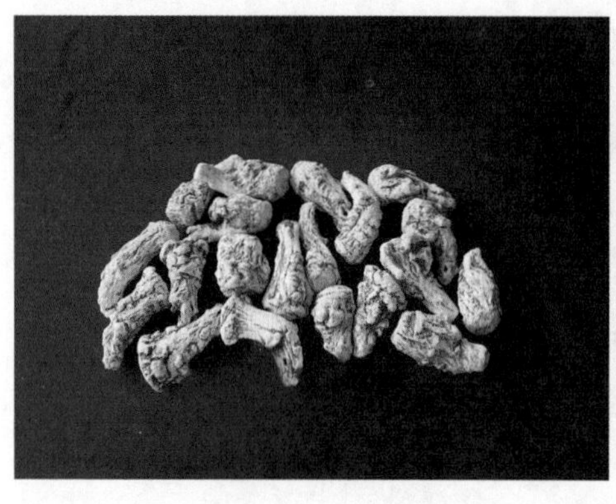
图3–43　一等当归头

图3–44　二等当归头

图3–45　三等当归头

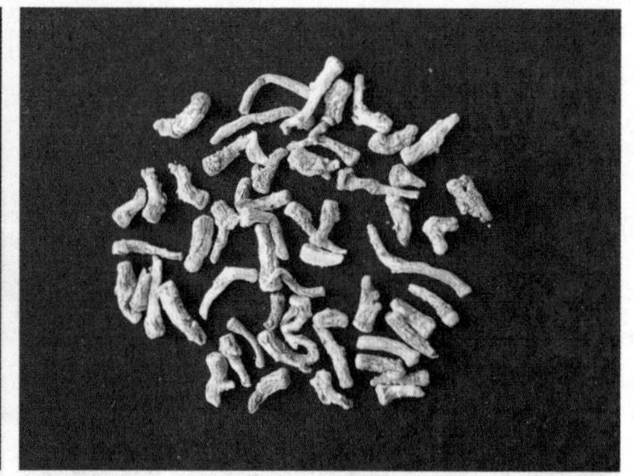
图3–46　四等当归头

45）：每千克120支以内；④四等（图3–46）：每千克160支以内。

3. 通底归

头身肥大，归腿粗壮。刮去锈皮，去掉头股，稍留头芦，露出寸身，每支选留粗壮归腿5～6个，身长不超过13cm，锈面不超过归头面三分之一，无霉变、虫蛀、毛须、枯死梗，每千克平均72～76支。

4. 箱归

头身肥大，归腿粗壮。去净毛须、尾须，去掉头股，稍留头芦，露出寸身，每

支选留粗壮归腿4～5个，身长不超过13cm，身干，无霉变、虫蛀、枯死梗。①特等箱归（图3-47）：每箱净重25kg，每千克平均32～36支；②一等箱归（图3-48）：每箱净重25kg，每千克平均52～56支；③二等箱归（图3-49）：每箱净重25kg，每千克平均60～64支。超过特等的为箱归王（图3-50）。

5. 小面归

达不到箱归、通底归要求，每箱净重25kg，归腿5～7股，每千克110支以内。

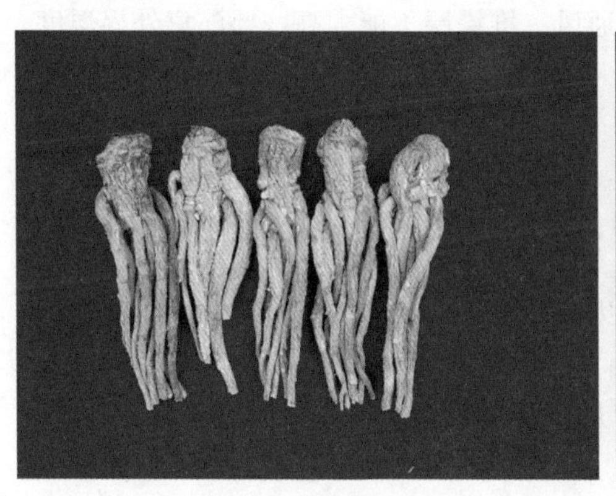

图3-47　特等箱归

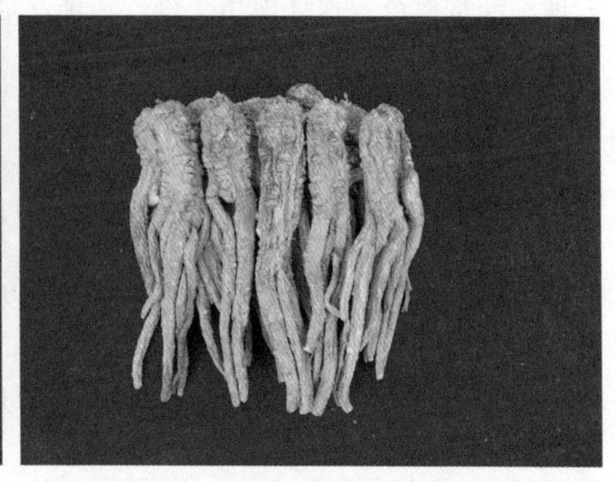

图3-48　一等箱归

图3-49　二等箱归

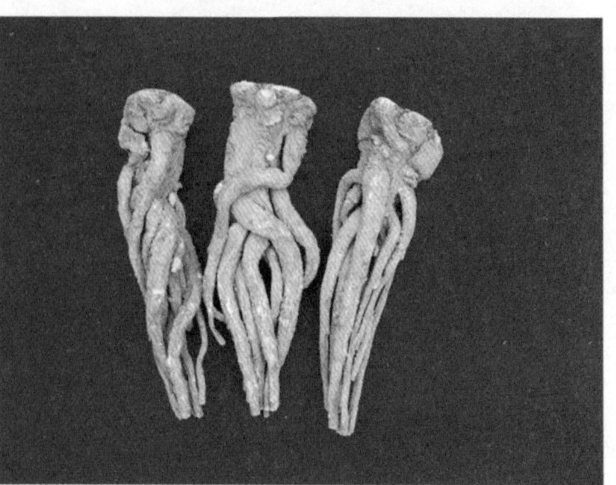

图3-50　箱归王

6. 拔毛归

去掉须根，保留支根，每箱净重25kg，每千克150支以内。

7. 归腿

去净毛须、尾须，上端直径≥0.7cm，尾部直径≥0.5cm，长≥11cm，无虫蛀、霉变、杂质。

（四）贮藏

药材入库前应详细检查有无虫蛀、发霉等情况，凡有问题的包件都应进行适当处理；经常检查，保证库房干燥、清洁、通风；堆垛层不能太高，要注意外界温度、湿度的变化，及时采取有效措施调节室内温度和湿度。当归药材及饮片在入库前应完全干燥，在储藏过程中要保持库房干燥、通风，应对药材进行定期检查。或采用气调贮藏，在短时间内，使库内充满98%以上的氮气或50%二氧化碳，而氧气留存不到2%，致使害虫缺氧窒息而死，达到很好的杀虫灭菌的效果。一般防霉防虫，含氧量控制在8%以下即可。

四、当归特色适宜技术

甘肃产区当归得传统干燥方法采用熏干法。选干燥通风室或特制的熏棚，内设高1.3～1.7cm木架，上铺竹帘，将当归把堆放上面，以平放3层、立放1层、厚30～50cm为宜，也可将扎好的把子，装入长方形竹筐内，然后将竹筐整齐并摆在棚架上，便于上棚翻动和下棚操作。用蚕豆秆、湿树枝或湿草作燃料，用水喷湿，生火燃发烟雾，给当归上色，忌用明火。约2～10天后，待表皮呈现金黄色或淡褐色时，再用柴火徐徐加热烘干。室内温度控制在30℃以上，70℃以下，约经8～20天，全部干度达70%～80%，即可停火，自然晾干。

研究结果表明，熏干法干燥后的岷当归中阿魏酸含量明显高于硫磺熏干法、晒干法和晾干法的样品，且熏干法、晒干法及晾干法干燥后的当归中挥发油含量以熏干法样品中最高，表明甘肃产区传统的当归熏干法在当归干燥中具有一定优势。

第4章

当归药材质量

一、本草考证与道地沿革

（一）当归品种考证

当归，又名干归、马尾当归、秦归、云归、西当归、岷归。当归之名始见于《尔雅》，曰："蘗，山蕲"。《广雅》中指出，"山蕲，当归也"。《神农本草经》载："郭璞云：今似蕲而粗大，又薜，白蕲。"《本草经集注》云："今陇西叨阳黑水当归，多肉少枝，气香，名马尾当归，稍难得。西川北部当归多根枝而细。历阳所出，色白而气味薄，呼为草当归，阙少时乃用之，方家有云真当归，正谓此，有好恶故也。"此处提及三种当归，即黑水所处马尾当归、西川北部当归和历阳所出草当归。《新修本草》载："当归苗，有二种于内：一种似大叶芎劳，一种似细叶芎劳，惟茎叶卑下于芎劳也。今出当州、宕州、翼州、松州，宕州最胜。细叶者名蚕头当归。大叶者名马尾当归。今用多是马尾当归，蚕头者不如此，不复用。陶称历阳者，是蚕头当归也。"此处再次提及，当归分为马尾当归和历阳当归（蚕头当归），并以马尾归为胜。《本草图经》云："当归，生陇西川谷，今川蜀、陕西诸君及江宁府、滁州皆有之，以蜀中者为胜。春生苗，绿叶有三瓣，七、八月开花似莳萝，浅紫色，根黑黄色。二月八月采根阴干。然苗有二种，都类芎劳，而叶有大小为异，茎梗比芎劳甚卑下。根亦二种，大叶名马尾当归，细叶名蚕头当归。"该本草对当归品种进行了详细描述，并对两种当归的原植物形态差异进行比较。《图经本草》中附有两种当归（文州当归和滁州当归）图，文州当归（图4-1）奇数羽状复叶，带根部，无花；滁州当归（图4-2）地上

图4-1 《图经本草》文州当归

图4-2 《图经本草》滁州当归

部分仍有奇数羽状，复叶伞形花序，并绘有肉质膨大的托叶，地下根横走。文州即今甘肃文县，故文州当归可认为是药用当归的正品，即伞形科当归属植物当归*Angelica sinensis*（Oliv.）Diels.；滁州属于江宁府（南京附近），川、陕、甘多产当归在江南一带难以得到，需用当归时采用了滁州当归，因此，滁州当归为当归代用品，经黄胜白等根据图文考证，滁州当归为紫花前胡*Pencedaum decursivum*（Miq.）Maxim.。《本草蒙筌》载："生秦蜀两邦（秦属陕西、蜀属四川），有大小二种。大叶者名马尾归，黄白气香肥润；小叶者名蚕头当归，质黑气薄坚枯。一说：川归力刚可攻，秦归力柔堪补。"《本草纲目》曰："今陕、蜀、秦州、汶州诸处，人多栽莳为货。以秦归头圆尾多，色紫气香肥润者，名马尾归。"黄胜白等认为，李时珍所说当归原植物应为陕、甘、蜀栽培的当归真正道地品种。《植物名实图考》云："今时所用者皆白花，其紫花者叶大，俗呼土当归。”书中所附当归图为伞形科植物鸭儿芹*Cryptotaenia japonica* Hassk.，俗称鸭脚板当归。从古至今，除正品当归伞形科植物当归*Angelica sinensis*（Oliv.）Diels.外，以“当归”为名并在部分地方使用的药材原植物有伞形科当归属朝鲜当归（土当归、野当归）*Angelica gigas* Nakai.、重齿毛当归*Angelica biserrata*（Shan et Yuan）Yuan et Shan（*Angelica pubescens* Maxim. f. biserrata Shan et Yuan）、东当归*Angelica acutilobum* Sieb et Zuce.；前胡属紫花前胡（滁州当归）*Pencedaum decursivum*（Miq.）Maxim.；鸭儿芹属鸭儿芹（鸭脚板当归）*Cryptotaenia japonica* Hassk.；欧当归属欧当归*Levisticum officinale* Koch.；当归属东当归*Angelica acutiloba*（Sieb. et Zucc.）Kitag.；凹乳芹属西藏凹乳芹（野当归）*Vicatia thibetica* de Boiss；变豆菜属山芹菜*Sanicula chinensis* Bunge.；山芹属隔山香（土当归）*Ostericum citriodorum* (Hance) Shan et Yuan；五加科楤木属杜当归*Aralia cordata* Thunb.、东北土当归*Aralia continentalis* Kitag.。

（二）药用历史沿革

当归入药始载于《神农本草经》，云：“味甘，温。主治咳逆上气，温疟寒热，洗在皮肤中。妇人漏下绝子，诸恶疮疡，金创，煮饮之。”《名医别录》曰：“味辛，大温，无毒。主温中，止痛，除客血内塞，中风至，汗不出，湿痹，中恶，客气虚冷，补五藏，生肌肉。”此后，历代本草对当归的性味归经、功能主治进行记载。

南北朝时《本草经集注》中记载当归性味功效在《神农本草经》中记载的基础上新增加了：“温中止痛，除客血内塞，中风，汗出不止，湿痹，中恶，客气虚冷，补五脏，生肌肉。恶茹，畏菖蒲、海藻、牡蒙。”

宋代《日华子本草》曰：“治一切风，一切血，补一切劳，去恶血，养新血，及主症癖。”《开宝本草》曰：“味甘、辛，大温，无毒。温中止痛，除客血内塞，中风痓，汗不出，湿痹，中恶，客气虚冷，补五脏，生肌肉。”

金元时期《药类法象》曰：“能和血补血，用尾破血，身和血。先使温水洗去土，酒制过，或焙、或晒干，方可入药，血病须用。去芦用。主症癖，破恶血，妇人产后恶物上冲，去诸疮疡，疗金疮恶血，温中润燥止痛。”《汤液本草》曰：“气温，味辛甘而大温，气味俱轻，阳也。甘辛，阳中微阴，无毒。入手少阴经，足太阴经、厥阴经。”《本草衍义补遗》载：“当归，气温味辛，气味俱轻扬也。又阳中微阴，大能和血补血，治血证通用。”

明代《本草纲目》载：“治头痛，心腹诸痛，润肠胃筋骨皮肤，治痈疽，排脓止痛，和血补血。”《药性赋》曰：“味甘、辛，气温，无毒。可升可降，阳也。其用有四：头止血而上行，身养血而中守，梢破血而下流，全活血而不走。”《本草蒙筌》《药鉴》《雷公炮制药性解》等对当归性味归经、配伍及用法有了较详细的描述，云：“当归，味甘、辛，气温。气味俱轻，可升可降。阳也，阳中微阴。”一说：“川归力刚可攻，秦归力柔堪补。凡觅拯病，优劣当分。畏姜藻蒲蒙，生姜、海藻、菖蒲、牡蒙。恶茹湿面。芦苗去净，醇酒制精。行表洗片时，行上渍一宿。体肥痰盛，姜汁渍宜。曝干㕮咀，治血必用。”东垣云：“头止血上行，身养血中守，尾破血下流，全活血不走。”易老云：“入手少阴，以心主血也。入足太阴，以脾裹血也。入足厥阴，以肝藏血也。若和剂在人参、黄芪皆能补血，在牵牛、大黄皆能破血。从桂、附、茱萸则热，从芒硝、大黄则寒。”《别说》又云：“能使气血各有所归，故因名曰当归。逐跌打血凝，并热痢刮疼滞住肠胃内；主咳逆气上，及温疟寒热泥在皮肤中；女人胎产诸虚，男子劳伤不足；眼疾齿疾痛难忍，痈疮金疮肌不生；中风挛蜷，中恶昏乱；崩带湛漏，燥涩焦枯；并急用之，不可缺也。又同川芎上治头痛，以其诸头痛皆属肝木，故亦血药主之。甚滑大便，泻者须忌。”《药鉴》云：“气温，味辛甘，气味俱轻，可升可降，阳也。多用，大益于血家，诸血证皆用之。但流通而无定，由其味带辛甘而气畅也，随所引导而各至焉。入手少阴，以其心主血也。入足太阴，以其脾裹血也。入足厥阴，以其肝藏血也。与白术、白芍、生地同用，则能滋阴补肾。与川芎同用，则能上行头角，治血虚头疼。再入白芍、木香少许，则生肝血以养心血。同诸血药入以薏苡仁、牛膝，则下行足膝，而治血不荣筋。同诸血药入以人参、川乌、乌药、薏苡仁之类，则能荣一身之表，以治一身筋寒湿毒。佐黄芪、人参，皆能补血。佐牵牛、大黄，皆能破血。从桂附则热，从硝黄则寒。入和血药则血和，入敛血药则血敛，入凉血药则血凉，入行血药则血行，入败血药则血败，入生血药则血生，各有所归也，故名当归。痘家大便闭结，由热毒煎熬真阴，以致大肠经血少故耳，玄明粉中重加当归，则血生而大肠自润矣。或曰：痘疮临收之际用之，恐行血作痛。此又不通之论也。盖肠胃既燥，则血药尽能里润肠胃，将何者外行痘疮哉？经云：有故无殒，亦无殒也。其斯之谓乎。便泄者勿用。”《雷公炮制药性解》载：“味甘辛，性温无毒，入心、肝、肺三经。头，止血而上行；身，

养血而中守；稍，破血而下流；全，活血而不走。气血昏乱，服之而定，各归所当归，故名。畏菖蒲、海藻。按：当归，血药也，心主血，肝藏血，脾裹血，故均入焉。用分为四，亦亲上亲下之道也。雷公云：一齐用不如不使，服亦无效。未可尽信。性泥滞，风邪初旺及气郁者，宜少用之。”

清代本草对于当归入药的记载也较多。《本草经疏》云：“当归禀土之甘味，天之温气，《别录》兼辛，大温无毒。甘以缓之，辛以散之润之，温以通之畅之。入手少阴，足厥阴，亦入足太阴。活血补血之要药。故主咳逆上气也。温疟寒热洗洗在皮肤中者，邪在厥阴也，行血则厥阴之邪自解，故寒热洗洗随愈也。妇人以血为主，漏下绝子，血枯故也。诸恶疮疡，其已溃者温补内塞，则补血而生肌肉也。金疮以活血补血为要，破伤风亦然。并煮饮之。内虚则中寒，甘温益血，故能温中。血凝则痛，活血故痛自止。血溢出膜外，或在肠胃，曰客血，得温得辛则客血自散也。内塞者，甘温益血之效也。中风痉，痉即角弓反张也。汗不出者，风邪乘虚客血分也。得辛温则血行而和，故痉自柔而汗自出也。痹者，血分为邪所客，故拘挛而痛也。风寒湿三者合而成痹，血行则邪不能客，故痹自除也。中恶者，内虚故猝中于邪也。客气者，外来之寒气也，温中则寒气自散矣。虚冷者内虚血不荣于肉分故冷也。补五脏生肌肉者，脏皆属阴，阴者血也，阴气足则荣血旺而肌肉长也。患人虚冷，加而用之。”《本草备要》载：“补血，润燥，滑肠。甘温和血，辛温散内寒，苦温助心散寒，入心、肝、脾，为血中之气药。治虚劳寒热，咳逆上气，温疟，澼痢，头痛腰痛，心腹诸痛，风痉无汗，痿痹癥瘕，痈疽疮疡，冲脉为病，气逆里急；带

脉为病，腹痛腰溶溶如坐水中，及妇人诸不足，一切血证，阴虚而阳无所附者，润肠胃，泽皮肤，养血生肌，排脓止痛。然滑大肠，泻者忌用。使气血各有所归，故名。”《本经逢源》有：“当归，甘辛温，无毒。蜀产者力刚可攻。秦产者力柔可补。凡治本病酒制，有痰姜汁制。白者为粉归，性劣，不入补剂。”《本草崇原》曰：“当归花红根黑，气味苦温，盖禀少阴水火之气。主治咳逆上气者，心肾之气上下相交，各有所归，则咳逆上气自平矣。治温疟寒热洗洗在皮肤中者，助心主之血液从经脉而外充于皮肤，则温疟之寒热洗洗然，而在皮肤中者，可治也。治妇人漏下绝子者，助肾脏之精气从胞中而上交于心包，则妇人漏下无时，而绝子者，可治也。治诸恶疮疡者，养血解毒也。治金疮者，养血生肌也。凡药皆可煮饮，独当归言煮汁饮之者，以中焦取汁变化而赤，则为血。当归滋中焦之汁以养血，故曰煮汁。谓煮汁饮之，得其专精矣。”《得配本草》对除对当归的性味功效进行记载外，对其临床用药、配伍禁忌进行了详细记载，云：“畏菖蒲、生姜、海藻、牡蒙，制雄黄。性温，味甘辛。入手少阴、足厥阴、太阳经血分。血中气药。行血和血，养营调气，去风散寒，疗疟痢痘疹，痈疽疮疡，止头痛，心腹、腰脊、肢节、筋骨诸痛。皆活血之功。得茯苓，降气。配白芍，养营；配人参、黄芪，补阴中之阳；配红花，治月经逆行。从口鼻出，先以好京墨磨汁服，止之。君黄芪，治血虚发热；症似白虎，但脉不长实，误服白虎汤即死。佐荆芥、生附，治产后中风；佐柴、葛，散表。入泻白散，活痰；入失笑散，破血。合桂、附、吴茱萸，逐沉寒；同大黄、芒硝，破热结。头止血，上行。尾破血，下行。身和血，酒洗。吐血，醋炒；脾虚，粳米或土炒。治

痰，姜汁炒，止血、活血，童便炒。恐散气，芍药汁炒。大便滑泄，自汗，辛散气。肺虚，辛归肺，肺散气也。肝火盛，归性温。吐血初止，归动血。脾虚不食，恐其散气润肠。六者禁用。当归，言血之当归经络也，正使血之有余者，不至泛溢于外。如血虚而用之，则虚虚矣。惟得生地、白芍以为之佐，亦有活血之功。”《本草新编》云：“味甘辛，气温，可升可降，阳中之阴，无毒。虽有上下之分，而补血则一。东垣谓尾破血者，误。入心、脾、肝三脏。但其性甚动，入之补气药中则补气，入之补血药中则补血，入之升提药中则提气，入之降逐药中则逐血也。而且用之寒则寒，用之热则热，无定功也。功虽无定，然要不可谓非君药。如痢疾也，非君之以当归，则肠中之积秽不能去；如跌伤也，非君之以当归，则骨中之瘀血不能消；大便燥结，非君之以当归，则硬粪不能下；产后亏损，非君之以当归，则血晕不能除。肝中血燥，当归少用，难以解纷；心中血枯，当归少用，难以润泽；脾中血干，当归少用，难以滋养。是当归必宜多用，而后可以成功也。倘畏其过滑而不敢多用，则功用薄而迟矣。而或者谓当归可臣而不可君也，补血汤中让黄芪为君，反能出奇以夺命；败毒散中让金银花为君，转能角异以散邪，似乎为臣之功胜于为君。然而当归实君药，而又可以为臣为佐使者也。用之彼而彼效，用之此而此效，充之五脏七腑，皆可相资，亦在人之用之耳。用之当，而攻补并可奏功；用之不当，而气血两无有效。用之当，而上下均能疗法；用之不当，两阴阳各鲜成功。又何论于可君而不可臣，不臣而不可佐使哉。”《本草分经》云：“辛、甘、苦，温。入心、肝、脾。治冲脉带脉为病，为血中气药。血滞能通，血虚能补，血枯能润，血乱能抚，使气血各

有所归。散内寒，补不足，去瘀生新，润燥滑肠。治上用头，治中用身，治下用尾，统治全用。辛气太甚，如熬膏则去其辛散之气，专取润补之力，虚弱畏辛气者用之大妙。”

近60年来，国家先后出版了10版《中国药典》，对当归性味归经及功能主治的描述为：性温，味甘、辛，归肝、心、脾经。补血活血，调经止痛，润肠通便。用于血虚萎黄，眩晕心悸，月经不调，经闭痛经，虚寒腹痛，风湿痹痛，跌扑损伤，痈疽疮疡，肠燥便秘。酒当归活血通经，用于经闭痛经，风湿痹痛，跌扑损伤。

（三）道地产区考证

《神农本草经》中记载：“当归，一名干归，生川谷。”《吴普本草》云：“当归，或生羌胡（指今河套地区）之地。”《名医别录》记载：“当归，生陇西，二、八月采根，阴干。”据记载，汉代陇西郡治十一县，分别为狄道（今临洮）、安故（今临洮县以南地区）、氐道（今礼县西北部）、首阳（今渭源县）、大夏（今广河县）、襄武（今年陇西）、临洮（今岷县）、枹罕（今临夏东北部）、白石（今夏河县部分地区）、鄣（今漳县西南部）及河关（今积石山县）。由此可见，《名医别录》中记载的当归产区涵盖了当今甘肃省当归的大部分产区。《本草经集注》（成书于梁代，公元500年左右）中记载：“当归，生陇西川谷，今陇西叨阳黑水当归，多肉少汁气香，名马尾当归，稍难得。西川北部当归，多根枝而细。历阳所出，色白而气味薄，不相似，呼为草当归，阙少时乃用之。方家有云真当归，正谓此有好恶故也。”除了对当归产地的记载外，《本草经集注》对于不同产地的当归质量有了简单的概括，有好坏之分，以叨阳黑水当归为佳，历阳当归乃代用品。据考证，叨阳即南北朝时陇西县郡首阳县，现在为定西市渭源县；黑水指陇西武城黑水峡附近的渭水支流，位于今武山县和甘谷县接壤的洛门一带；西川北部即今四川北部地区；历阳即今安徽和县和秦置县。唐代《新修本草》载："生陇西川谷，今出当州、宕州、翼州、松州，宕州最胜。"指出了产地对当归质量的影响。唐代当州辖境即今四川黑水县，翼州即今西川茂汶羌族自治县西北部和黑水县东部，松州即今四川松潘、黑水等地，宕州约是今宕昌、舟曲及岷县的部分地区，以宕州最胜，即指出了当归的道地产区在甘肃。北宋寇宗奭的《本草衍义》曰："今川蜀以平地作畦种，尤肥好多脂肉。不以平地、山中为等差，但肥润不枯燥者佳。今医家用此一种为胜。"首次提出了当归栽培，并指出栽培仅有一种为佳，在此之前，对于当归的产地记载均为生川谷。宋代苏颂的《本草图经》记载："当归，生陇西川谷，今川蜀（今四川省）、陕西诸郡（今陕西省）及江宁府、滁州皆有之。"《本草蒙筌》云："生秦（属陕西）蜀（属四川）两邦。"明代李时珍的《本草纲目》记载："今陕、蜀、秦州（今甘肃省天水市、秦安县、清水县、两当县、西和县、礼县、徽县、成县等地）、汶州诸处人多栽莳为货。以秦归…名马尾归，最胜他处。"《本草备要》云："川产力刚善攻，秦产力柔善补。"《本草崇原》记载："当归始出陇西川谷及四阳黑水，今川蜀、陕西诸郡皆有。"

由本草记载可知，古时当归多产自陇西川谷，在四川、陕西等地亦生长，栽培始于1000 多年前，并有道地产区的区分和不同产区药效的差别之分，以甘肃、陕西所产的马尾当归"肉厚不枯"为佳。

二、药典标准

《中国药典》（2015年版）规定，当归为伞形科植物当归［*Angelica sinensis*（Oliv.）Diels］的干燥根。秋末采挖，除去须根及泥沙，待水分稍蒸发后，捆成小把，上棚，用烟火慢慢熏干。

【性状】本品略呈圆柱形，下部有支根3～5条或更多，长15～25cm。表面浅棕色至棕褐色，具纵皱纹和横长皮孔样突起。根头（归头）直径1.5～4cm，具环纹，上端圆钝，或具数个明显突出的根茎痕，有紫色或黄绿色的茎和叶鞘的残基；主根（归身）表面凹凸不平；支根（归尾）直径0.3～1cm，上粗下细，多扭曲，有少数须根痕。质柔韧，断面黄白色或淡黄棕色，皮部厚，有裂隙和多数棕色点状分泌腔，木部色较淡，形成层环黄棕色。有浓郁的香气，味甘、辛、味苦。

柴性大、干枯无油或断面呈绿褐色者不可供药用。

【鉴别】（1）本品横切面：木栓层为数列细胞。栓内层窄，有少数油室。韧皮部宽广，多裂隙，油室和油管类圆形，直径25～160μm，外侧较大，向内渐小，周围分泌细胞6～9个。形成层成环。木质部射线宽3～5列细胞；导管单个散在或2～3个相聚，呈放射状排列；薄壁细胞含淀粉粒。

粉末淡黄棕色。韧皮薄壁细胞纺锤形，壁略厚，表面有极微细的斜向交错纹理，有时可见菲薄的横隔。梯纹导管和网纹导管多见，直径约至80μm。有时可见油室碎片。

（2）取本品粉末0.5g，加乙醚20ml，超声处理10分钟，滤过，滤液蒸干，残渣加乙醇1ml使溶解，作为供试品溶液。另取当归对照药材0.5g，同法制成对照药材溶液。照薄层色谱法（通则0502）试验，吸取上述两种溶液各10 μl，分别点于同一硅胶G薄层板上，以正己烷-乙酸乙酯（4：1）为展开剂，展开，取出，晾干，置紫外光灯（365nm）下检视。供试品色谱中，在与对照药材色谱相应的位置上，显相同颜色的荧光斑点。

（3）取本品粉末3g，加1%碳酸氢钠溶液50ml，超声处理10分钟，离心，取上清液用稀盐酸调节pH值至2～3，用乙醚振摇提取2次，每次20ml，合并乙醚液，挥干，残渣加甲醇1ml使溶解，作为供试品溶液。另取阿魏酸对照品、藁本内酯对照品，加甲醇制成每1ml各含1mg的溶液，作为对照品溶液。照薄层色谱法（通则0502）试验，吸取上述三种溶液各10 μl，分别点于同一硅胶G薄层板上，以环己烷-二氯甲烷-乙酸乙酯-甲酸（4：1：1：0.1）为展开剂，展开，取出，晾干，置紫外光灯（365nm）下检视。供试品色谱中，在与对照品色谱相应的位置上，显相同颜色的荧光斑点。

【检查】水分不得过15.0%（通则0832第四法）。

总灰分不得过7.0%（通则2302）。

酸不溶性灰分不得过2.0%（通则2302）。

【浸出物】照醇溶性浸出物测定法（通则2201）项下的热浸法测定，用70%乙醇作溶剂，不得少于45.0%。

【含量测定】挥发油照挥发油测定法（通则2204乙法）测定，

本品含挥发油不得少于0.4%（ml/g）。

阿魏酸照高效液相色谱法（通则0512）测定。

色谱条件与系统适用性试验以十八烷基硅烷键合硅胶为填充剂；以乙腈-0.085%磷酸溶液（17：83）为流动相；检测波长为316nm；柱温35℃。理论板数按阿魏酸峰计算应不低于5000。

对照品溶液的制备取阿魏酸对照品适量，精密称定，置棕色量瓶中，加70%甲醇制成每1ml含12μg的溶液，即得。

供试品溶液的制备取本品粉末（过三号筛）约0.2g，精密称定，置具塞锥形瓶中，精密加入70%甲醇20ml，密塞，称定重量，加热回流30分钟，放冷，再次称定重量，用70%甲醇补足减失的重量，摇匀，静置，取上清液滤过，取续滤液，即得。

测定法分别精密吸取对照品溶液与供试品溶液各10μl，注入液相色谱仪，测定，即得。

本品按干燥品计算，含阿魏酸（$C_{10}H_{10}O_4$）不得少于0.050%。

饮片

【炮制】当归除去杂质，洗净，润透，切薄片，晒干或低温干燥。

本品呈类圆形、椭圆形或不规则薄片。外表皮浅棕色至棕褐色。切面浅棕黄色或黄白色，平坦，有裂隙，中间有浅棕色的形成层环，并有多数棕色的油点，香气浓郁，味甘、辛、微苦。

【鉴别】（除横切面外）【检查】【浸出物】同药材。

酒当归取净当归片，照酒炙法（通则0213）炒干。

本品形如当归片。切面深黄色或浅棕黄色，略有焦斑。香气浓郁，并略有酒香气。

【检查】水分同药材，不得过10.0%。

【浸出物】同药材，不得少于50.0%。

【鉴别】（除横切面外）【检查】（总灰分算不溶性灰分）同药材。

【性味与归经】甘、辛，温。归肝、心、脾经

【功能与主治】补血活血，调经止痛，润肠通便。用于血虚萎黄，眩晕心悸，月经不调，经闭痛经，虚寒腹痛，风湿痹痛，跌扑损伤，痈疽疮疡，肠燥便秘。酒当归活血通经。用于经闭痛经，风湿痹痛，跌扑损伤。

【用法与用量】6～12g。

【贮藏】置阴凉干燥处，防潮，防蛀。

三、质量评价

中药质量的评价经历了早期的以药材的形状、大小、颜色、气味、表面特征、质地等特征鉴别药材的真伪和显微鉴别为主的传统评价模式，发展成为利用现代分析仪器为主的化学成分定性鉴别和指标性成分检测的中药质量控制模式。

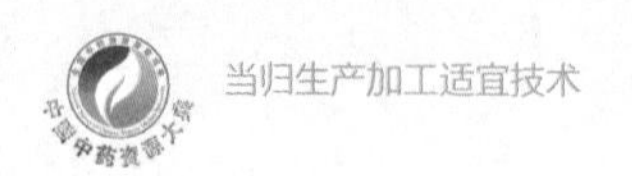

（一）当归混伪品鉴别

当归药材常见的混伪品有菊科植物白术*Atractylodes macrocephala* Koidz.的干燥根茎，伞形科植物重齿毛当归*Angelica biserrata*（Shan et Yuan）Yuan et Shan（*Angelica pubescens* Maxim. f. biserrata Shan et Yuan）、欧当归*Levisticum officinale* Koch.及东当归*Angelica acutiloba*（Sieb. et Zucc.）Kitagawa的干燥根。研究表明，当归混伪品与当归药材性状差异主要表现为：白术形状为肥厚团块，当归、重齿毛当归、东当归及欧当归均略呈圆柱形；欧当归主根粗长，当归、重齿毛当归及东当归主根粗短；当归有浓郁香气，白术气清香，重齿毛当归香气特异，欧当归气微香，东当归气芳香；重齿毛当归和欧当归有麻舌感，白术嚼之带黏性。饮片性状欧当归和东当归未见报道，白术为不规则薄片，切面粗糙不平；当归和重齿毛当归均为类圆形或长条形薄片，切面皮部厚，其中当归切面淡黄棕色，重齿毛当归切面灰白色。东当归粉末特征未见报道，当归、欧当归为纺锤形薄壁细胞，重齿毛当归为圆形或长方形薄壁细胞，白术薄壁细胞中有细小草酸钙针晶及菊糖，此外，欧当归粉末淀粉粒众多。当归混伪品性状及显微鉴别结果见表4－1。

表4-1 当归混伪品性状及显微鉴别结果

	当归	白术	重齿毛当归	欧当归	东当归
药材性状	根略呈圆柱形，表面黄棕色或棕色，有明显纵皱纹及横长皮孔。主根粗短，根头部略膨大或不膨大，具环纹，顶端钝圆，有紫色或黄绿色的茎及叶鞘残基。下部有支根3～5条或更多，多扭曲。质较柔韧，折断面黄白色或淡黄棕色，皮部厚，有棕色油点，形成层呈黄棕色环状，木部色较淡，有棕色放射状纹理。有浓郁香气，味甘、辛、微苦	不规则的肥厚团块。表面灰黄色或灰棕色，有瘤状突起及断续的纵皱纹和沟纹，并有须根痕，顶端有残留茎基和压痕芽痕。质坚硬不易折断，断面不平坦，黄白色至淡棕色，有棕黄色的点状油室散在；烘干者断面角质样，色较深或有裂隙。气清香，味甘、微辛，嚼之略带黏性	主根粗短，略呈圆柱形，下部2～3分枝或较多。根头部膨大，有横皱纹，顶端有茎、叶的残痕或凹陷，表面灰褐色或棕褐色，具深纵皱纹，有隆起的横长皮孔样突起及稍突起的细根痕。质较硬，受潮则变软，断面皮部灰白色，可见多数散在的棕色油点，形成层环棕色，木质部灰黄色至黄棕色。香气特异，味苦辛、微麻舌	根表面灰棕色或灰黄色，有纵皱纹及横长环纹，栓皮易剥下。主根粗且长，类圆形。根头部膨大，常数个小根头绞合成一体，其中一根头长而粗壮，侧根及支根4～10余条，略弯曲，有众多小皮孔状细根断痕。质柔韧，折断面平坦。气微香，味微甜而麻舌	根略呈圆柱形，表面土黄色、黄白色或淡黄棕色。全体有细纵皱纹及横向突起的皮孔状瘢痕或支根痕。主根粗短，根头部膨大，有细环纹，顶端中央凹陷或微凹陷，有淡黄色或黄白色的叶柄及茎基痕。质干而硬，折断面整齐，皮部类白色，木部黄白色，形成层环淡黄棕色。气芳香，味甜而后稍苦
饮片性状	多为类圆形或长条形薄片。表面黄棕色至棕褐色。切面皮部厚，淡黄棕色，有裂隙及多数棕色点状分泌腔，形成层环浅棕色，木部色稍浅，具放射状纹理。质柔韧，油润。气香浓郁，味甘、辛、微苦	不规则形薄片，切面黄白色或淡黄棕色，粗糙不平，中间有裂隙，有的色较深，角质样，有棕黄色的点状油室散在，周边灰棕色或灰黄色，质硬，气清香，味甘、微辛，嚼之略带黏性	多为类圆形或长条形薄片。表面灰褐色至棕褐色，有的可见纵皱纹及须根痕。切面皮部厚，灰白色，散生多数棕色麻点状的油室，形成层环明显，木部灰黄色至黄棕色，隐约可见放射状纹理。香气特异，味苦、辛、微麻舌	—	—
粉末特征	粉末淡黄棕色。纺锤形韧皮薄壁细胞，单个细胞呈长纺锤形，1～2个薄分隔，壁上常有斜格状纹理；油室及其碎片时可见，内有挥发油油滴。梯纹及网纹导管直径13～80μm，亦有具缘纹孔及螺纹导管	淡黄棕色，草酸钙针晶细小，不规则的聚集于薄壁细胞中，纤维黄色，大多呈束，长菱形，石细胞淡黄色，类圆形、多角形、长方形或少数纺锤形，薄壁细胞含菊糖，表面有放射状纹理	粉末淡黄色至淡棕色，薄壁细胞类圆形或长方形，大小不一，壁薄，细胞间隙明显；木栓细胞表面观呈多角形或长多角形，壁稍厚，略呈波状弯曲；油管多破碎，内含多数黄绿色或淡黄棕色分泌物及油滴；导管多为网纹导管；淀粉类较多，细小，单粒复粒均有	粉末淡灰色。淀粉类众多，单粒类圆形、椭圆形或肾形，直径2.5～15μm，脐点飞鸟形或裂隙形；导管多为网纹，直径15～110μm；木栓细胞黄棕色，纺锤形；表面观类方形、多角形或长方形。纺锤形薄壁细胞稍厚，有1～2个薄分隔，壁上有斜格状纹理；纤维壁较厚，直径10～20μm	—

（二）当归质量评价

1. 参考药典标准评价研究

《中国药典》对当归质量控制的要求为水分不得过15%，总灰分不得过7%，酸不溶性灰分不得过2%，乙醇浸出物不得少于45%，挥发油不得少于0.4%，阿魏酸含量不得少于0.05%。欧阳晓玫等研究甘肃当归不同商品规格的质量，结果表明：甘肃当归不同商品规格当归中阿魏酸含量、水分、浸出物、总灰分、酸不溶性灰分均符合《中国药典》规定，且以道地产区岷县、宕昌所产当归的阿魏酸含量最高、质量最佳。郭敏等对大别山引种栽培当归进行质量评价，结果表明：大别山引种当归中醇溶性浸出物、多糖及阿魏酸含量均稍低于岷县当归，但均符合药典标准。顾志荣研究认为当归不同药用部位化学成分具有一定差异，建立的TOPSIS模型、PP模型及PCA模型用于当归药材产地质量评价，结果均表明岷县、渭源、漳县、宕昌和云南产当归药材质量较佳。王公效等采用水蒸气蒸馏法、超临界萃取法和溶剂萃取法提取当挥发油，并采用高效液相色谱法测定当归挥发油中藁本内酯含量，结果显示溶剂萃取法提取的当归挥发油中藁本内酯含最高。顾志荣等建立RP–HPLC法同时测定甘肃和云南当归药材中阿魏酸、正丁基苯酞、正丁烯基苯酞、*Z*–藁本内酯和亚油酸含量，结果表明岷归质量最佳，与道地药材结论一致，云归质量亦佳。葛月兰研究表明，不同产地当归在传统采收期10月份总多糖含量四川＞云南＞甘肃，挥发油成分组成及相对含量具有良好的相似性；同一产地不同采收期当归多糖含量变化趋势为8月中旬～10月中旬逐渐增长至最高并趋于稳定，挥发油成分组成及含量变化呈

现*Z*-藁本内酯和*E*-藁本内酯含量8～9月份递增，至10月份达最高，而正丁烯基酞内酯和异丁烯基酞内酯变化趋势相反，阿魏酸和藁本内酯含量变化表现为8～9月份逐渐递增，10月份达到最高继而逐渐下降。段然等采用HPLC-DAD法测定不同产地当归中阿魏酸和藁本内酯含量，结果显示，同一产地不同等级当归药材中，归尾中阿魏酸含量和藁本内酯含量均高于归头；不同产地当归药材中阿魏酸含量无明显差异，但云归中藁本内酯含量略高于甘肃当归。

2. 当归综合质量评价研究

郭怡祯等研究研究当归水提物多成分体内动态变化过程，初步筛选出包括洋川芎内酯Ⅰ在内的4种原型成分作为当归质控成分，建立了“质代关联”的中药质量评价方法。此外，郭怡祯采用傅里叶红外光谱和二阶导数红外光谱分析当归原药材、当归挥发油和水溶性成分的红外光谱特征，认为红外光谱可鉴定药材中所含的主体成分，通过对原药材进行不同方法的提取，其有效成分得到富集，进一步判定药材中所含的特定成分，从而可以建立当归药材的红外质量评价体系。王耀鹏等建立了不同生长年限当归的^{13}C-NMR指纹图谱，经主成分分析和模糊聚类分析显示，一年生与二年生当归^{13}C-NMR指纹图谱相似性强，但二者与三年生当归差异明显，阿魏酸、藁本内酯、3-正丁基苯酞及部分糖类是引起不同生长年限当归指纹图谱差异的主要化学成分，认为建立的^{13}C-NMR指纹图谱结合主成分分析和模糊聚类分析可以有效区分不同生长年限当归，进行质量评价。李阳等以不同产地当归药材中6种主要成分含量为评价指标，研究基于变异系数权重的模糊物元模型评价当归药材质量，

结果认为根据当归药材的贴近度值对不同产地当归药材质量进行排序，并将贴近度值大小结合药材外观性状将药材质量分为3个区间，可以有效控制和评价当归质量。李晓革等测定不同产地当归中挥发油、醇溶性浸出物、阿魏酸、*Z*-藁本内酯、正丁烯基苯酞和正丁基苯酞的含量，采用色谱分析法建立层次分析模型，结果显示岷县、渭源和漳县当归药材优于其他产地，认为基于层次模糊理论可以综合评价当归药材产地质量。李少泓等测定不同产地当归药材中挥发油、总多糖、阿魏酸和藁本内酯含量，采用灰色关联分析方法构建当归质量评价的灰色关联分析模型，认为基于灰色关联分析方法可用于当归药材质量评价。王明伟等测定不同栽培品种（品系）当归中挥发油、阿魏酸、丁烯基苯酞、藁本内酯、欧当归内酯A、多糖、总黄酮、浸出物含量，基于多指标成分评价体系构建当归药材质量综合评价的TOPSIS模型，结果显示，岷归3号、岷归4号当归药材质量较优，青海产当归药材质量较差；研究结论认为丁烯基苯酞和藁本内酯的含量测定及药材的特征指纹图谱可以作为当归质量评价的指标。顾志荣等以甘肃和云南当归中阿魏酸、正丁基苯酞、正丁烯基苯酞、*Z*-藁本内酯、亚油酸、挥发油、醇浸出物含量及Fe、Zn、Mn、Mg、Ga、Na和K的质量分数为指标集构建投影寻踪模型评价当归药材质量，结果显示，岷县、渭源、宕昌、武都、漳县和云南当归的投影值较大，质量较好，与当归药材的道地性内涵和产地实际情况相符。张亚亚等测定直播和移栽当归药材中总灰分、酸不溶性灰分、浸出物、挥发油、多糖、阿魏酸、*Z*-藁本内酯、正丁基苯酞和正丁烯基苯酞含量，构建评价当归药材质量的TPOSIS模型，结果表明移栽当归质量较好，直播与移栽当

归的浸出物、挥发油、阿魏酸和Z–藁本内酯的含量呈极显著差异；研究结论认为，熵权TOPSIS法与SPSS结合可以客观、准确的评价直播与移栽当归质量。严辉等采用HPLC、UV法测定不同产地当归药材中总挥发油、藁本内酯、正丁烯基酞内酯、阿魏酸、总多糖的含量，运用主成分分析法多当归药材质量进行综合评价，结果显示，甘肃产岷归质量为优，主成分分析中藁本内酯因子的载荷量最大，说明其对当归质量影响较为显著。

3. 当归炮制品质量标准研究

张永等研究甘肃当归炮制前后的HPLC特征指纹图谱并测定阿魏酸含量，结果表明炮制后阿魏酸含量略有降低，认为采用指纹图谱技术结合指标成分含量测定可以较好地控制药材和饮片质量，可用于炮制前后当归的质量评价。曲亚玲等研究土炒当归饮片质量标准，结果显示不同产地土炒当归饮片中11个共有峰的相对含量略有差异，但相似度均大于90%。郭延生采用高效液相色谱法建立的当归炮制品HPLC指纹图谱，并结合中药相似度评价软件。主成分分析、聚类分析及判别分析进行模式识别研究，结果显示当归炮制品HPLC指纹峰和相对峰面积存在一定差异，判别分析结果认为基于化学计量学的HPLC指纹谱图技术可以对当归炮制品进行准确、可靠的识别和验证。郭延生等采用SPSS Clementine11.0数据挖掘软件对分析当归不同炮制品中水分、总灰分、酸不溶性灰分、醇溶性浸出物含量数据及特征指纹图谱，构建当归不同炮制品分类模型，结果表明，采用数据挖掘软件能够准确、可靠的识别和验证当归不同炮制品，可用于当归炮制品的分类和质量评价。

第5章

当归现代研究与应用

一、化学成分

当归中含有的主要化学成分为挥发油、香豆素类、黄酮类和有机酸类，此外，还含有多糖类、氨基酸类等。当归挥发油包括脂肪酸类、小分子烷烃类、内酯类和萜类化合物，内酯类化合物是其主要组成部分，而内酯类化合物则主要有藁本内酯、丁基苯酞、丁烯基苯酞、洋川芎内酯等。郭怡祯采用傅里叶红外光谱及二阶导数红外光谱分析当归原药材、当归挥发油和水溶性成分的红外光谱特征，研究结果显示当归为高蔗糖类药材；当归蒸馏液的乙醚提取物主要为酯类成分，石油醚提取物主要含藁本内酯等内酯类成分，药渣水提物主要为多糖类成分。

（一）挥发油

陈耀祖等采用水蒸气蒸馏法提取当归挥发油，得率为0.4%，依次用5%$NaHCO_3$和5%NaOH水溶液萃取，分得酸性油（2%）、酚性油（10%）和中性油（88%），采用毛细管气相色谱-质谱法对中性油和酚性油进行鉴定，其中，酚性油中鉴定出13种化合物，分别为：苯酚（0.809%）、邻甲苯酚（0.272%）、对甲苯酚（0.435%）、愈创木酚（0.247%）、未知化合物（0.212%）、2,3-二甲苯酚（0.266%）、对乙苯酚（0.178%）、间乙苯酚（0.37%）、4-乙基间苯二酚（0.262%）、2,4-二羟基苯乙酮（0.32%）、香荆芥酚（6.47%）、异丁香酚（0.104%）和香草醛（0.052%）；中性油中鉴定出22种化合物，分别为：α-蒎烯（1.92%）、月桂烯（0.227%）、β-罗勒烯（4.99%）、别罗勒烯（8.98%）、6-正丁基环庚二烯-1,4（1.22%）、2-甲基十二烷-酮-5（0.45%）、二环榄烯（0.613%）、苯乙酮（0.863%）、β-甜没药烯（2.02%）、异菖蒲二烯（0.550%）、未知化合物（0.749%）、反式-β-法尼烯（2.16%）、γ-榄烯（0.628%）、花侧柏烯（0.454%）、α-雪松烯（0.417%）、未知化合（2.59%）、正丁基四氢化酞内酯（0.29%）、未知化合物（0.296%）、正丁基酞内酯（1.81%）、正丁烯基酞内酯（7.35%）和藁本内酯（50.2%）；藁本内酯为当归挥发油的主要成分。王冬梅等采用气相色谱-质谱联用法分析甘肃岷县当归挥发油成分共分离出75个色谱峰，鉴定出32个化合物，分别为庚烷（0.01%）、壬烷（0.176%）、α-蒎烯（0.837%）、月桂烯（0.113%）、葵烷（0.032%）、三甲基苯甲醚（0.021%）、β-罗勒烯（8.965%）、罗勒烯（0.228%）、5-十一烯（0.010%）、十一烷（0.284%）、2,6-二甲基-2,4,6辛三烯（0.015%）、6-正丁基环庚二烯（0.604%）、6-十一酮（0.021%）、邻苯二甲酸酐（0.008%）、2-甲氧基-4-乙烯基苯酚（0.086%）、1,4-环己二烯-1,2二甲酸酐（1.125%）、苯丁酮（0.016%）、2,4,5-三甲基苯甲酸（0.025%）、十四烷酮（0.156%）、十四烷（0.092%）、nerolidylacetate（0.117%）、isopropylidene（0.8%）、菖蒲二烯（0.074%）、匙叶桉油烯醇（0.155%）、十四醛（0.017%）、1-甲基-1-茚满醇（0.175%）、丁烯基酞内酯（1.287%）、氧化石竹烯（0.018%）、Z-藁本内酯（78.62%）、E-藁本内酯（0.05%）、邻苯二甲酸二丁酯（0.14%）、十六烷羧酸（0.014%），其中Z-藁本内酯相对峰面积百分含量达78.62%，为当归挥发油的主要组成部分，与陈耀祖等研究结果一致。张金渝等采用气相色谱-质谱联用分析不同产地云当归挥发油，大理鹤庆马场和沾益大坡乡

当归挥发油的得率分别为0.78%和0.53%，马场云当归挥发油的主要成分为顺-罗勒烯（45.20%）、*α*-蒎烯（21.61%）、*Z*-双氢藁本内酯（14.10%）、6-丁基-1,4-环庚二烯（2.34%）、双环大香叶烯（2.06%）、*E*-双氢藁本内酯（1.36%）；沾益大坡乡云当归挥发油主要成分为顺-罗勒烯（44.93%）、*Z*-双氢藁本内酯（31.64%）、*α*-蒎烯（6.19%）、6-丁基-1,4-环庚二烯（2.15%）、双环大香叶烯（1.8%）、*E*-双氢藁本内酯（2.18%）。异松油烯（0.09%）、乙酸香茅酯（0.03%）、十五烷醇（0.08%）、十六烷醛（0.02%）4个化合物为马场当归挥发油所特有，而*γ*-松油烯（0.02%）、4-壬酮（0.05%）、5-十一碳烯（0.13%） 1,3,8-对-薄荷三烯（0.02%）和新别罗勒烯（0.03%）5个化合物为沾益大坡乡云当归所特有。杨玉霞研究当归挥发油成分认为当归挥发油的主要成分为*Z*-藁本内酯、3-丁烯基酞内酯、丁基苯酞、*E*-藁本内酯和亚油酸。李桂生等比较超临界CO_2萃取和水蒸气蒸馏法提取当归挥发油，结果显示两种提取方法挥发油成分及*Z*-藁本内酯含量基本一致，但超临界CO_2萃取法多得当归挥发油的收率约为水蒸气蒸馏法的2倍。

（二）有机酸类

当归中含有多种有机酸类化合物，代表性化合物为阿魏酸。1979年林茂等首次报道从当归的针剂浸膏的水溶性部分中分离鉴定出阿魏酸和丁二酸。目前，阿魏酸为中国药典中当归质量控制的指标成分。此外，当归中还含有烟酸、十六烷羧酸、香荚兰酸、邻二苯酸、茴香酸、壬二酸、棕榈酸、亚油酸和硬脂酸等成分。卢金清等研究当归中总有机酸质量标准，结果表明，当归总有机酸的相对密度为1.188、pH

值为4.33、水分为30.42%、总灰分为5.01%、总有机酸的含量为5.02%。

（三）多糖类

张林维等将当归经热水提取、乙醇分级沉淀、DEAE纤维素和Sephadex G–150柱层析，得到当归两个多糖级份As–Ⅲa和As–Ⅲb，组分分析表明As–Ⅲa由葡萄糖组成，As–Ⅲb由葡萄糖、甘露糖和阿拉伯糖按10：10：4比例组成。在前期研究的基础上张林维继续研究As–Ⅲa和As–Ⅲb的结构，结果显示，As–Ⅲa单体通过α（1→3）糖苷键相连，As–Ⅲb主要通过（1→4）和（1→6）糖苷键相连。商澎等采用高效凝胶过滤色谱法、阴离子交换色谱法及二极管阵列检测器进行检测，分析当归多糖AP–Ⅰ、AP–Ⅱ、AP–Ⅲ、AP–Ⅳ各组分重均相对分子质量分布及其电荷特性，结果显示，当归多糖AP–Ⅰ、AP–Ⅱ、AP–Ⅲ、AP–Ⅳ分别由4～5个重均相对分子质量分布及电荷性的多糖组分组成，4种多糖种还分别含有一定量的游离或结合蛋白质。陈汝贤等对岷当归的水溶性成分进行研究，分离得到一组多糖组分X–C–3–Ⅱ，其相对分子质量为1.0×10^5，其中所有单糖的种类及它们之间的摩尔比为葡萄糖：半乳糖：阿拉伯：糖鼠李糖：半乳糖醛酸=56.0：22.1：18.9：1.9：1.1。此外，陈汝贤等还从岷当归水溶性成分中分离得到多糖组分XC–1，组分分析表明XC–1只含有葡萄糖，主链是以1→6连接的α–D–葡聚糖。杨铁虹从岷当归中分离出当归多糖组分AP–1、AP–2、AP–3组分，其中AP–0总多糖含量67.9%，糖醛酸含量26.7%，蛋白质含量0.8%；AP–1总多糖含量82.3%，糖醛酸含量18.1%，蛋白质含量0.5%，重均分子量（33～51）$\times 10^4$；AP–2总多糖含量73.7%，糖醛酸含量38.1%，蛋白质含量

0.3%，重均分子量（13～22）$\times 10^4$；AP-3总多糖含量68.3%，糖醛酸含量37.5%，蛋白质含量0.7%，重均分子量（2～7）$\times 10^4$；当归多糖各组分在单糖组成上没有明显差别，主要由葡萄糖、阿拉伯糖和葡萄糖醛酸组成。孙元琳对当归水溶性多糖进行分离纯化及结构鉴定，结果表明，W-ASP 11主要由葡萄糖组成，相对分子质量约为3.8×10^5；W-ASP 12主要由半乳糖和阿拉伯糖组成，相对分子质量约为1.9×10^5；W-ASP 2和W-ASP 3主要含半乳糖、阿拉伯糖和鼠李糖以及少量葡萄糖和甘露糖，并含有较高的糖醛酸，初步判定为一种果胶类多糖，其中W-ASP 3的相对分子质量约为6.2×10^5。孙红国等研究当归多糖的分离、纯化及单糖成分分析，分离得到当归多糖的5个级分，分析结果显示，5种成分均为果胶类多糖，WASP-1可能为吡喃环当归多糖复合物；WASP-2为β-吡喃环当归多糖复合物；WASP-3既是β-吡喃环当归多糖复合物，又是α-D-吡喃环当归多糖复合物；WASP-4为吡喃环当归多糖复合物；WASP-5为β-当归多糖复合物，可能含有吡喃环；WASP-1、WASP-2和WASP-3中单糖组成为山梨糖、阿拉伯糖、葡萄糖和半乳糖；WASP-4中单糖组成为葡萄糖和半乳糖；WASP-5中仅含葡萄糖。

（四）氨基酸类

林茂等对当归浸膏的甲醇部分采用氨基酸分析仪检定出13种常见氨基酸，包括赖氨酸、精氨酸、苏氨酸、脯氨酸、甘氨酸、丙氨酸、胱氨酸、缬氨酸、异亮氨酸、亮氨酸、色氨酸及苯丙氨酸。陈耀祖等对岷当归中氨基酸进行分析，结果显示，岷当归中总氨基酸（可水解及游离）含量为6.63%，由19种氨基酸组成，分别为天门冬氨酸、苏氨酸、丝氨酸、谷氨酸、甘氨酸、丙氨酸、胱氨酸、缬氨酸、蛋氨酸、异亮氨酸、亮氨酸、酪氨酸、苯丙氨酸、赖氨酸、组氨酸、精氨酸、色氨酸、脯氨酸和γ-氨基丁酸，其中18种为人体必需氨基酸，7种人体不能合成（缬氨酸、蛋氨酸、异亮氨酸、亮氨酸、苯丙氨酸、赖氨酸、色氨酸），3种日本当归中不含有（胱氨酸、组氨酸）；精氨酸的含量比其他氨基酸高出约一倍，此外，还含有一种不常见的γ-氨基丁酸。贾忠山等分析当归中氨基酸含量，结果显示精氨酸含量最高，比其他氨基酸含量至少高出一倍多，与陈耀祖等研究结果一致。戴兴德等研究不同产地当归中氨基酸含量，结果显示不同产地当归氨基酸含量在3.90%～8.66%之间，以精氨酸含量最高，平均含量为1.96%。

（五）黄酮类

王芙蓉等以75%的乙醇为溶剂，从当归中提取出黄色黏稠液体经盐酸-锌粉反应鉴定为黄酮类化合物，并采用正交法优化其提取工艺，在最佳工艺条件下总黄酮的提取量为9.4642mg/g。李谷才等以乙醇-水为溶剂，采用正交法优选提取工艺，结果显示，提取温度为85℃、乙醇浓度70%、提取时间2小时、固液比为1∶50为最佳提取条件，当归总黄酮含量为1.59%。刘芳等采用水煎煮法、乙醇回流法、超声波提取法提取当归总黄酮，结果表明，乙醇回流提取法为当归总黄酮的最适提取方法，提取温度85℃、提取时间2小时、料液比1∶30、乙醇浓度为80%时当归总黄酮含量为10.066%。迄今为止，未见有关从当归中分离鉴定黄酮类单体化合物的报道。

（六）其他

陈耀祖等分析岷县当归中微量元素，结果显示，当归中含有Mg、Ca、Al、Cr、Cu、Zn、As、Pb、Cd、Hg、Fe、Si、Ni、V等微量元素，且岷归中的微量元素含量大部分高于日本当归，但日本当归中可溶性有害金属元素（As、Hg、Cd）含量均高于岷县当归。此外，当归中还含有尿嘧啶、腺嘌呤、维生素E、香豆素类、维生素B_{12}、β–谷固醇、亚叶酸等。

二、药理作用

（一）当归多糖的药理作用

近年来，国内外学者对当归化学成分研究发现当归多糖是当归的主要水溶性成分，且是主要化学成分之一，具有调节免疫系统、改善血液系统、抗肿瘤、抗辐射损伤、延缓衰老、保肝等广泛的作用。

1. 对免疫系统影响的研究

洪艳等研究当归多糖对放射损伤小鼠细胞免疫的调节作用，结果显示，照射对照组红细胞C3bR%、ICR%和胸腺T淋巴细胞增殖反应明显低于正常对照组，而当归多糖治疗组的红细胞C3bR%、ICR%和胸腺T淋巴细胞增殖反应显著高于照射对照组（$P<0.01$），表明当归多糖能显著促进放射损伤小鼠的细胞免疫功能。李晓勇等研究当归多糖对免疫性结肠炎大鼠免疫功能的影响，结果表明，当归多糖对免疫性结肠炎大鼠局部及全身免疫紊乱有一定调节改善作用，缓解结肠免疫损伤。董娜等研究

了7种植物多糖对小鼠卵清蛋白免疫反应的佐剂活性，结果表明：第3次免疫后当归多糖佐剂组的卵清蛋白特异性抗体滴度达到1：105，具有很好的佐剂作用，激发体液免疫活性。耿卫朴等对灵芝多糖和当归多糖促进人外周血T淋巴细胞增殖和分泌IFN-γ结果显示：当归多糖能促进人外周血T细胞PI3K的表达，明显提高T细胞增殖水平，当归多糖有确切促进人外周血T细胞的免疫作用。陈育等通过对当归多糖含药血清对巨噬细胞释放M-CSF的影响，结果表明：当归多糖含药血清可显著提高Mϕ释放M-CSF的水平，可能是当归调节机体免疫功能的部分机制。

2. 对造血系统影响的研究

朱姝丹等研究当归多糖对人红白血细胞株增殖抑制及定向红细胞分化的影响，结果表明当归多糖体外对人红白血细胞株细胞有明显的增殖抑制及诱导其向红系细胞分化的作用。张雁等探讨当归多糖对放射损伤小鼠骨髓单个核细胞（BMNC）黏附分子表达及细胞周期的影响结果表明，当归多糖能够通过调节放射损伤小鼠$Sca\text{-}1^+$ BMNC黏附分子表达水平，上调BMNC的CyclinD 2 mRNA和蛋白表达水平来加速BMNC G1期向S期的转换，促进造血恢复。田丹等研究了当归多糖对幼年大鼠染铅所致贫血的治疗作用，结果表明：当归多糖可拮抗机体对铅的吸收，对染铅所致的贫血具有治疗作用。

3. 抗肿瘤作用

曹蔚等研究当归多糖APS-1 cⅡ体内体外抗肿瘤作用及其对荷瘤小鼠免疫功能的影响，结果显示当归多糖APS-1 cⅡ体外无抗肿瘤作用，其体内抗肿瘤活性是通过增加荷瘤小鼠免疫器官的质量和免疫细胞的数量，激活小鼠巨噬细胞实现。程尧等研究当归多糖对H22荷瘤小鼠肿瘤生长及体内代谢的影响，结果显示，低、中、高当归多糖剂量组具有一定的抗肿瘤效果，抑制率分别为24.12%、29.15%和34.67%，同时能显著抑制hepcidin和IL-6的表达，表明当归多糖的体内抗肿瘤作用可能与其对铁代谢调节有关。马秀梓等对3种中药多糖抗肿瘤作用进行了研究，结果显示：当过多糖对人白血病K562细胞具有明显的抑制作用，对肿瘤细胞表现出较强的抑制活性。吴素珍等研究了硫酸酯化当归多糖的抗肿瘤作用，结果表明：硫酸酯化当归多糖可以显著抑制小鼠实验性肿瘤的生长，明显延长S180腹水瘤小鼠存活期。

4. 抗辐射损伤作用

孙元琳等采用^{60}Co-γ射线源照射给予不同当归多糖的小鼠，结果显示，当归多糖对辐射损伤小鼠有良好的防护作用；水提多糖W-ASP及EDTA碱提多糖E-ASP对辐射小鼠的外周血白细胞、淋巴细胞数目及体重的回升均有促进作用，但E-ASP的效果不及W-ASP。何晓莉等通过当归多糖对电离辐射致小鼠骨髓单个核细胞凋亡及氧化损伤的研究结果显示：当归多糖组和生理盐水组相比G_0/G_1期百分比、凋亡率均降低，且高浓度降低效果显著，说明当归多糖可以促进细胞周期阻滞和凋亡的恢复，有明显的抗辐射作用。此外，何晓莉研究当归多糖对辐射损伤小鼠骨髓单个核细胞凋亡的影响表明当归多糖对辐射引起的细胞凋亡具有一定的保护作用。关雪晶等研究当归多糖对辐射损伤小鼠骨髓基质细胞的影响，结果表明：当归多糖组与生理盐水组相比BMSC凋亡率明显降低，显示当归多糖可以减少放射损伤引起的骨髓基质细胞凋亡，从而保护了BMSC。

5. 延缓衰老的作用

安方玉等研究当归多糖对AD模型小鼠抗衰老作用，结果显示，当归多糖各剂量组小鼠小鼠学习记忆能力明显改善，脑组织中NO浓度、NOS活性AchE活性剂P16蛋白含量显著低于对照组，表明当归多糖具有延缓衰老作用，其可能机制是通过抗氧化作用和调控细胞周期实现。徐露等观察不同剂量组当归多糖对D–半乳糖致衰老小鼠模型的记忆影响，结果显示，当归多糖可以明显提高衰老小鼠的学习记忆力，增强小鼠血清和脑组织SOD活力、减少MDA含量，改善脑细胞变性和坏死情况，降低脑细胞凋亡指数，表明当归多糖能改善D–半乳糖致衰老小鼠学习记忆功能，延缓脑组织衰老。张先平等通过对衰老小鼠造血干细胞的研究结果表明：当归多糖能够显著抑制衰老HSC SA–β–Gal染色阳性率增加，G_1期比例增加和S期比例减少，故推测当归多糖可使细胞由G_1期进入S期，从而延缓HSC的衰老。李雪燕等研究结果提示当归多糖可能通过集体抗氧化能力起到延缓衰老的作用。

6. 保护脏器作用

樊艳玲等研究当归多糖对D–半乳糖致小鼠肾脏亚急性损伤的保护作用表明，当归多糖能拮抗D–半乳糖致小鼠肾脏亚急性损伤，其保护肾脏机制可能与抑制氧化应激损伤有关。李伟等研究当归多糖对Graves病模型大鼠肝脏保护作用结果表明：不同剂量的当归多糖均有显著保护肝脏的作用。刘娟研究当归多糖对酒精性及四氯化碳性肝损伤的干预作用，结果显示，当归多糖剂量组可降低酒精性及四氯化碳性肝损伤模型组sALT、sAST，减轻肝脏损伤；两种肝损伤引起的抗氧化功能下降均可被当归多糖不同程度的抑制，表明当归多糖对不同化学性肝损伤具有明显的干预作用。愈发研究当归多糖对刀豆蛋白诱导的小鼠免疫性肝损伤的保护作用，结果表明，当归多糖对免疫性肝损伤具有显著的保护作用，高剂量作用效果与联苯双酯相当，并在试验剂量内呈现剂量依赖性，其主要机制可能为抑制T淋巴细胞活化和IFN-γ、TNF-α、IL-1β、NO的释放。刘娟研究当归多糖对地塞米松所致肝损伤结果表明：当归多糖对糖皮质激素类药物引起的肝脏毒性有一定的拮抗作用，起到保护肝脏的作用。俞诗源等探讨当归多糖对麻黄素小鼠肝组织抗氧化酶活性和转录因子NF-κB及肿瘤坏死因子（TNF-α）的表达，结果表明，当归多糖能够提高小鼠肝组织抗氧化酶活性，抑制NF-κB和TNF-α的表达，对麻黄素致小鼠肝损伤有一定的保护作用。胡晓琴等研究当归多糖对大鼠缺血性脑损伤后血管生成素表达的影响，结果表明，大鼠短暂缺血性脑损伤后，当归多糖能显著促进血管生成素2的表达。林国芳探讨当归多糖对脑缺血再灌注损伤大鼠海马神经元保护作用，结果表明，当归多糖对脑缺血再灌注损伤大鼠具有明显的神经元保护作用，其机制可能与抑制神经元凋亡密切相关。

（二）当归挥发油的药理作用

1. 影响离体气管及子宫平滑肌作用

吴国泰等通过当归挥发油对豚鼠离体器官平滑肌作用的研究，结果表明：当归总挥发油和当归挥发油中性非酚性部分对豚鼠离体静息器官平滑肌有明显舒张作用；

当归总挥发油、当归挥发油酸性部位、当归挥发油酚性部位及当归挥发油中性非酚性部位均能显著减弱磷酸组胺所致豚鼠离体气管平滑肌收缩作用，当归总挥发油、当归挥发油中性非酚性部位能显著减弱氯乙酰胆碱所致豚鼠离体气管平滑肌的收缩作用，当归挥发油中性非酚性部位能拮抗磷酸组胺、氯乙酰胆碱引起的气管平滑肌痉挛，表明当归挥发油中性非酚性部位能舒张豚鼠离体静息气管平滑肌，对抗磷酸组胺、氯乙酰胆碱所致豚鼠离体气管平滑肌的收缩作用。肖军花等研究当归挥发油对子宫的作用，结果显示，当归挥发油对正常离体大鼠子宫收缩功能呈双向作用，小剂量略有兴奋作用，大剂量则明显抑制，表明当归挥发油对子宫收缩功能的影响依剂量呈现小剂量兴奋、大剂量抑制的双向特征；当归挥发油中中性非酚性部位为抑制子宫收缩的最佳活性部位，进一步研究表明，当归挥发油中中性非酚性部位抑制子宫收缩作用机制与其抑制$PGF_{2\alpha}$下游P42/44MAPK-Cx43信号转导途径有关。刘琳娜等研究表明，当归精油对催产素及高K^+去极化液中Ca^{2+}所致的离体子宫平滑肌收缩均呈剂量依赖性抑制，使$CaCl_2$累积量-效曲线非平行性右移，最大效应下降，呈非竞争性抑制；且对子宫平滑肌依细胞内外Ca^{2+}两种收缩成分均呈抑制作用。

2. 保护脑组织

罗慧英等探讨当归挥发油对大鼠局灶性脑缺血再灌注损伤及化学性缺氧小鼠脑损伤的保护作用，大鼠局灶性脑缺血再灌注损伤保护作用研究结果显示，当归挥发油可有效改善脑缺血再灌注损伤大鼠的神经功能缺损；降低脑梗死体积比、脑血管通透性和脑含水量；降低血清NO、NOS含量；增强SOD和GSH-Px活性，对脑缺血再灌注损伤有显著的保护作用；化学性缺氧小鼠脑损伤保护作用研究结果显示，当归挥发油可显著延长化学性缺氧小鼠的存活时间，增强脑组织中Na^{+}–K^{+}–ATPase及Ca^{2+}–Mg^{2+}–ATPase活性，降低乳酸、谷氨酸、γ–氨基丁酸及天冬氨酸含量，并呈现剂量依赖性，表明当归挥发油能明显降低缺氧小鼠脑组织中兴奋性氨基酸含量，并改善能力代谢，从而发挥对化学性缺氧脑损伤的保护作用。

3. 平喘作用

王志旺等观察当归挥发油对实验性哮喘大鼠肺功能及其组织病理学改变的影响，结果显示，当归挥发油能促进大鼠体质量的增加，改善肺功能，降低血清中IgE水平，抑制哮喘模型大鼠肺组织的炎症反应，表明当归挥发油具有一定的平喘、治疗支气管哮喘的作用。妥海燕等探讨当归挥发油对哮喘BALB/c小鼠的平喘作用及对Th17免疫活性的影响，结果显示，当归挥发油高、中、低剂量组可维持哮喘小鼠体重的正常增长，改善哮喘行为学、肺功能及肺组织病理学变化，抑制IL–17A与RORγt的过度表达，表明当归挥发油具有明显的防治哮喘作用，抑制IL–17、RORγt过度表达而抑制Th17细胞免疫活性是其作用机制之一。王志旺等研究当归挥发油对哮喘BALB/c小鼠的平喘作用及对Treg细胞活性的影响，结果表明，当归挥发油具有明显的平喘作用，促进IL–10、Foxp3的表达而提高Treg细胞免疫活性是其作用机制之一。李卫中研究当归挥发油对哮喘大鼠$CD4^{+}$、$CD25^{+}$调节性T细胞及IL–4的影响，结果表明当归挥发油对哮喘大鼠具有治疗作用，且可以纠正哮喘大鼠T细胞免疫功能紊乱，降低IL–4的表达。

4. 心血管系统作用

刘倍吟等观察当归挥发油对高血压模型大鼠血压和相关炎症因子的影响，结果显示，与正常组比较，高血压模型组收缩压、大鼠血清内皮素-1（ET-1）、血管细胞黏附分子-1（VCAM-1）和超敏C反应蛋白（CRP）水平及其mRNA表达明显升高；与高血压模型组比，各给药组ET-1、VCAM-1、CRP水平及其mRNA表达明显降低，表明当归挥发油可能通过抑制血管炎症反应而降压。吴国泰等观察当归挥发油对高血脂模型大鼠的降血脂作用、血管内皮保护作用和动脉粥样硬化保护作用，降血脂研究结果显示，高血脂模型组大鼠血清甘油三酯（TC）、低密度脂蛋白胆固醇（LDLC）水平及动脉粥样硬化指数（AI）显著升高，当归挥发油高、中剂量能够降低高血脂大鼠血清TC、LDLC水平及AI，且当归挥发油高、中剂量均能降低血浆内皮素-1和血清血管性假血友病因子水平，升高血清NO水平，表明当归挥发油对高血脂模型大鼠有一定的降脂作用，并有改善血管内皮结构的损伤；动脉粥样硬化保护研究结果显示，当归挥发油能减轻肝细胞脂肪变性、胸主动脉内膜损伤及心肌纤维化，对动脉粥样硬化斑块形成具有抑制作用，表明当归挥发油对高血脂小鼠动脉粥样硬化具有一定的保护作用。罗慧英等观察当归挥发油对脑缺血大鼠血液流变学的影响及防止血栓形成的作用，结果显示，当归挥发油能显著降低大鼠的全血黏度、全血还原黏度及红细胞压积、红细胞刚性指数；同时当归挥发油可减少注射血栓诱导剂后的小鼠的死亡数，增加小鼠偏瘫痪恢复数，表明当归挥发油可显著改善全血黏度等血液流变学多项指标，并可有效防止血栓形成。吴国泰等观察当归挥发油对

小鼠的降压作用和血管活性，结果显示，当归挥发油对高血压模型小鼠具有一定的降压作用。

三、应用

当归的药用部位为伞形科植物当归的干燥根，又称为西当归、岷当归。然而，根据其根的部位不同又可分为全当归（全根）、当归身（主根）、当归头（根头）和当归尾（侧根及侧根稍部）。当归中含有的中性油能扩张冠状动脉，其提取物能扩张外周血管和抗心律失常，加速血流量，从而对冠心病、高血压和心律失常等患者尤为适宜；当归含有兴奋和抑制子宫平滑肌双向作用，许多妇科名方含有当归，用来调经、治疗子宫脱垂、遗尿等。中医理论认为当归为补血调血之品，为妇科常用药。此外，当归还有润肠通便的作用，对于妇女血虚月经不调合并便秘的患者尤宜选用，老人便秘亦可选用。

（一）当归的常用方

1. 当归片、浓缩当归丸、当归流浸膏及水煎剂

用于血虚兼有瘀滞的月经不调、痛经、经闭。口服，片剂，每日3～4片，每日3次；浓缩丸，每次10～20丸，每日2次；流浸膏，每日3～5ml，每日3次；水煎剂（当归15g），分3次服。选其一即可。

2. 四物汤

当归10g，熟地12g，白芍10g，川芎6g，加水煎煮取汁，分3次服。用于妇女血虚而有瘀滞，症见月经不调，脐腹疼痛或产后恶露不尽（成药有四物合剂，每次10～15ml，每日3次）。

3. 参归炖鸡

党参30g（或人参15g），当归15g，净母鸡1只（最好选用乌鸡），切块，加水和生姜、食盐适量一同炖至鸡烂熟，分3～4次食用。用于身体虚弱，气血不足，疲倦乏力，头晕眼花或贫血。

4. 当归生姜羊肉汤

取当归15g，生姜30g，羊肉500g切片，加水煮汤，再以食盐、葱花调味，分2～3次食用。用于虚寒腹痛、产后血虚腹痛及体质虚弱，阳气不足，畏寒肢冷者。

5. 当归补血汤

黄芪30g，当归6g，加水煎煮取汁，分3次服。用于气血虚弱者，症见疲倦乏力，气短懒言，头晕眼花，舌淡苔白，脉虚细；或见阳浮外越，发热面赤、烦渴欲饮，脉洪大而虚（成药有当归补血丸，每次9g，每日2次；当归补血口服液，每次10ml，每日2次）。

（二）当归的对症应用

（1）当归主要以辅料形式添加到粥、汤中。

（2）当归一般生用，若加强活血则酒炒用。通常补血宜用当归身，破血宜用当归尾，止血宜用当归炭，补血活血用全归。

（3）心肝血虚见面色萎黄、唇爪无华、头晕目眩、心悸肢麻者，当归可与熟地、

白芍、川芎配伍，则补血之力更强。

（4）月经不调属肝郁气滞，经来先后无定期者，当归可与柴胡、白芍、白术等同用。

（5）年老体弱、产后以及久病血虚肠燥便秘者，当归可与火麻仁、枳壳、生地等配伍。

（6）血虚肠燥便秘常与肉苁蓉、火麻仁等润肠药配伍。

（7）瘀血阻滞病症，如跌打损伤，瘀肿疼痛；风寒湿痹，肢体麻木疼痛；肩周炎；血栓闭塞性脉管炎，常与川芎、赤芍等活血药配伍。

（8）血虚或血淤所致月经不调、经闭、痛经，常与熟地黄、川芎、丹参等补血活血药配伍。

（9）痈疽疮疡者气血不足，脓成不溃或溃后不易愈合，常与黄芪配伍以扶正气。

（10）血虚症或贫血，症见眩晕、疲倦乏力、面色萎黄、舌质淡、脉细等，以及血虚腹痛、头痛，常与熟地黄、白芍或羊肉、黄芪等补血益气之物配伍。

此外，当归还可用于心律失常、缺血性中风等，其用量因用法而定。但是，脾湿中满、脘腹胀闷、大便稀薄或腹泻者慎服；里热出血者忌服。

（三）当归饮品

1. 当归枸杞酒

【处方】当归90g，鸡血藤90g，枸杞子90g，熟地70g，白术60g，川芎45g，白酒1L。

【制法】上药洗净，切碎，共入纱布袋中，缝好，置入白酒中，密封月余，过滤去渣备用。以枸杞、当归为主要原料，佐以其他中药材，采用浸泡工艺生产保健酒。利用正交实验设计，研究不同酒精度、温度和浸提时间对多酚物质浸出量的影响，进而筛选最佳保健酒生产工艺。所研制的产品风味独特，口感醇厚，营养丰富。最佳工艺条件为：酒精度45%（*V*/*V*），温度30℃，浸提时间25天。

【功用】滋阴养血，调补肝肾。

【主治】老年人阴血不足，肝肾两虚，肢体麻木，腰腿酸软，步履困难，视物昏花，记忆力减退。

【用法】每日2次，每次10～30ml，早晚饮用。

【按语】方中当归、枸杞子、熟地，滋阴补血，调补肝肾，鸡血藤，川芎，补血，活血，通达经络；加白术健脾助运，以防滋阴之品腻膈。总观全方虽集补肝益肾，养血滋阴之品为一炉，然补而不滞。颇适合老年人阴血不足，记忆力减退，皮肤干燥，毛发脆折，指甲乏华，头晕，视物昏花，肌肉内细胞水分减少，细胞间液增加，肌肉失去弹性，功能减退，肌肉和骨骼，韧带出现萎缩，并渐见僵硬，或骨质疏松，容易骨折等病症患者服用。

2. 当归咖啡饮料

当归咖啡饮料，由咖啡溶液、当归汤剂、植脂沫、糖等配制而成，其重量配比为：咖啡溶液30%～90%，当归汤剂7%～60%，植脂沫0.5%～4%，糖2%～12%。配制时，首先将咖啡配制成浓度为15%～80%的咖啡溶液，将当归制作成当归汤剂，而后按照当归咖啡饮料的重量比配制即可。具有提神、补血、预防劳损的功效。

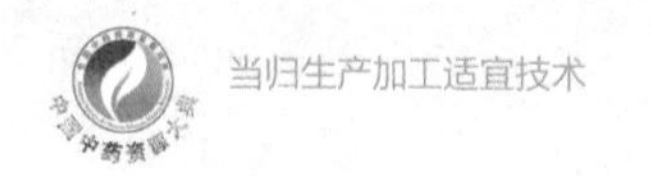

3. 当归酒

全当归30g，米酒500ml。当归饮片洗净，放入细口瓶内，加入米酒，密封瓶口。每日振摇1次，7天后即成。每次30ml，每日2次，饮服。功用：补血活血，通络止痛。用于血虚夹瘀所致的手臂久痛、酸胀麻木、活动不利、痛经等。

（四）当归化妆品

1. 当归香水

首先粉碎天然植物浸泡物，所述的天然植物浸泡物包括当归、天麻、干姜、桂皮、麝香、樟脑、沉香、薄荷、松香和素凝香，采用高温高压方法灭菌，顺序置于蒸馏水和乙醇中浸泡，将固态物分离，可以保护环境，达到皮肤保健和防病效果，可以达到提神醒脑、解毒散瘀、扶正固本、清新空气的功效，制成品中不含固态物和微生物，性能稳定，有益人体健康。

2. 当归护发精

取当归、茶籽、女贞子，洗净、干燥，在制作过程中，浸泡、煎熬3～4小时，过滤后浓缩成液体。采用活血补血、补肝肾、祛风湿、润肺、散阏等作用的几种中草药精制而成。能防止脱发，白发、头屑、头痒。还能柔顺亮丽头发，促进头发的生长发育和保护大脑。

3. 当归美容膏

中草药中常见的中草药当归、甘草、芦荟为初始原料，从中提取出有效成分作为美白护肤霜的天然添加剂，研制成水包油型的膏霜类高级化妆品。

4. 当归油护理霜

当归油的提取是以乙醇水溶液为溶剂，先浸渍当归粉，再回流，然后蒸馏得当归油，经红外光谱法鉴定，含有藁本内酯这一主要有效成分。所得当归油作为手足愈裂霜的天然添加剂，研制水包油型的高级手足愈裂霜。每200g手足愈裂霜中乳化剂1802的质量为3.0g，当归油的质量为1.5g时，研制的手足愈裂霜对防治手足皲裂有特别好的疗效。

5. 当归除皱面膜

将白芷、茯苓、当归、白芨、杏仁和紫河车等量磨粉，全部混合在一起，加适量水调成糊状，再加一点蜂蜜混合均匀制成。洗净脸后将面膜涂在脸上，敷20分钟即可洗去。若为油性肌肤，可用水代替蜂蜜，避免脸看起来油腻。

6. 当归润肤面膜

当归9g，白芷9g，甘草3g，研为细粉，鸡蛋打入碗中，取除蛋白留蛋黄，将研磨好的中药粉与蛋黄搅拌均匀，用10ml蒸馏水调整其浓度，均匀涂于面部，避开发际、眉毛，敷20～30分钟后用清水洗净。

7. 当归美白面膜

当归30g，川芎30g，白芷130g，益母草30g，乌梅15g，混合打粉，装瓶，每晚1次，连用15～20天。

附录　农药、杀虫剂的商品名与化学名对照表

序号	商品名	化学名
1	多菌灵	2–（甲氧基氨基甲酰）苯并咪唑
2	毒死蜱	*O*, *O*–二乙基–*O*–（3, 5, 6–三氯–2–吡啶基）硫代磷酸
3	敌敌畏	*O*, *O*–二甲基–*O*–（2, 2–二氯乙烯基）磷酸酯
4	辛硫磷	*O*, *O*–二乙基–*O*–（苯乙腈酮肟）硫代磷酸酯
5	阿维毒乳油	阿维菌素+毒死蜱（乳油）
6	琥胶肥酸铜	丁二酸铜、戊丁二酸铜、已二酸铜的混合物
7	百菌清	四氯间苯二甲腈
8	甲基托布津	1, 2–二（3–甲氧碳基–2–硫脲基）苯
9	代森锌600	二硫代氨基甲酸锌
10	甲基硫菌灵	1, 2–二（3–甲氧碳基–2–硫脲基）苯
11	敌百虫	*O*, *O*–二甲基–（2, 2, 2–三氯–1–羟基乙基）膦酸酯
12	甲基异硫灵	1, 2–二（3–甲氧碳基–2–硫脲基）苯
13	托布津600	1, 2–二（3–乙氧羰基–2–硫代脲基）苯
14	波尔多液	硫酸铜、氢氧化铜和氢氧化钙的碱式复盐
15	根腐宁	对二甲胺基苯重氮磺酸钠
16	代森锰锌	乙撑双二硫代氨基甲酰锰和锌的络盐
17	氟硅唑	双（4–氟苯基）甲基（1*H*–1, 2, 4–唑–1–基亚甲撑）硅烷
18	特克多	2–（1, 3–噻唑–4–萘）苯并咪唑

参考文献

［1］国家药典委员会. 中国药典［M］. 北京：中国医药科技出版社, 2015: 133–134.

［2］中国植物志编辑委员会. 中国植物志［M］. 北京：科学出版社, 1988, 55 (3) : 41.

［3］Zhang H Y, Bi W G, Yu Y, etc. *Angelica sinensis* (Oliv.) Diels in China: Distribution, cultivation, utilization and variation［J］. Genetic Resources & Crop Evolution, 2012, 59 (4) : 607–613.

［4］中国药材公司. 中国中药区划［M］. 北京：科学出版社, 1995: 114–117.

［5］颉红梅，刘效瑞，李文建，等. 甘肃当归新品系DGA2000–02的选育研究［J］. 原子核物理评论, 2008, 25 (2) : 196–200.

［6］王富胜，宋振华，王春明，等. 当归新品种岷归5号选育及标准化栽培技术研究［J］. 中国现代中药, 2015, 17 (10) : 1044–1047.

［7］马占川. 当归种子直播技术试验研究初报［J］. 农业科技通讯, 2015 (3) : 159–160.

［8］李硕，李敏，李成义，等. 基于灰色关联分析方法评价当归不同栽培品种（品系）种子质量［J］. 中国现代中药, 2015, 17 (8) : 821–826.

［9］张裴斯，刘效瑞，宋振华，等. 当归熟地育苗技术规程［J］. 甘肃农业科技, 2014 (6) : 59–60.

［10］武延安，郭增祥，曹占凤，等. 当归日光温室冬季育苗技术［J］. 中国现代中药, 2014, 16 (5) : 359–361.

［11］邱黛玉，蔺海明，方子森，等. 种苗大小对当归成药期早期抽薹和生理变化的影响［J］. 草业学报, 2010, 19 (6) : 100–105.

［12］李应东. 甘肃道地药材当归研究［M］. 兰州：甘肃科学技术出版社, 2011: 22–59.

［13］赵锐明，陈垣，郭凤霞，等. 甘肃岷县野生当归资源分布特点及其与栽培当归生长特性的比较研究［J］. 草业学报, 2014, 23 (2) : 29–37.

［14］严辉，段金廒，宋秉生，等. 我国当归药材生产现状与分析［J］. 中国现代中药, 2009, 4 (11) : 12–17.

［15］陈士林等. 中国药材产地生态适宜性区划［M］. 北京：科学出版社, 2011: 161–163.

［16］尚忠慧，卫海燕，顾蔚，等. 基于GIS与模糊物元模型的当归潜在生境适宜性区划分析［J］. 中药材, 2015, 38 (7) : 1370–1374.

［17］严辉，张小波，朱寿东，等. 当归药材生产区划研究［J］. 中国中药杂志, 2016, 41 (17) : 3139–3147.

［18］张东方，张琴，郭杰，等. 基于Maxent模型的当归全球生态适宜性和生态特征研究［J］. 生态学报, 2017, 37 (15) : 1–10.

［19］朱田田. 甘肃道地中药材实用栽培技术［M］. 兰州：甘肃科学技术出版社, 2016: 1–8.

［20］郭怡祯，王晶娟，刘洋，等. 当归多成分“质代关联”研究［J］. 中草药, 2016, 47 (15) : 2701–2706.

［21］顾志荣，杨应文，王亚丽，等. 基于主成分分析和模糊聚类分析的不同生长年限当归13C核磁共振特

征图谱［J］. 中国医院药学杂志, 2014, 34 (24) : 2083-2087.

［22］王明伟，李硕，李敏，等. 基于熵权TOPSIS模型对当归不同栽培品种（品系）药材质量的综合评价［J］. 中国实验方剂学杂志, 2017 (5) : 63-68.

［23］顾志荣，张亚亚，王亚丽，等. 基于投影寻踪模型评价当归药材质量［J］. 中成药, 2015, 37 (5) : 1025-1031.

［24］张亚亚，王亚丽，顾志荣，等. 熵权TOPSIS法综合评价直播与移栽当归药材的质量［J］. 时珍国医国药, 2016 (11) : 2741-2743.

［25］严辉，段金廒，钱大玮，等. 我国不同产地当归药材质量的分析与评价［J］. 中草药, 2009, 40 (12) : 1988-1992.

［26］李曦，张丽宏，王晓晓，等. 当归化学成分及药理作用研究进展［J］. 中药材, 2013, 36 (6) : 1023-1028.

［27］田丹，王敏，李程，等. 当归多糖对幼年大鼠染铅所致贫血的治疗作用［J］. 中国药理学与毒理学杂志, 2012, 26 (2) : 200-204.

［28］张先平，王乾兴，陈斌，等. 当归多糖对小鼠衰老造血干细胞细胞周期蛋白的调控［J］. 基础医学与临床, 2013, 33 (3) : 320-324.

［29］樊艳玲，夏婕妤，贾道勇，等. 当归多糖对D-半乳糖致小鼠肾脏亚急性损伤的保护作用及机制［J］. 中国中药杂志, 2015, 40 (21) : 4229-4233.

［30］王志旺，李永华，任远，等. 当归挥发油对实验性哮喘大鼠肺功能及其组织病理学的影响［J］. 中成药, 2013, 35 (10) : 2098-2103.

［31］妥海燕，任远，王志旺，等. 当归挥发油对哮喘BALB/c小鼠的平喘作用及对Th17免疫活性的影响［J］. 中国应用生理学杂志, 2016, 32 (2) : 137-141.